真空のからくり

質量を生み出した空間の謎

山田 克哉　著

ブルーバックス

カバー装幀／芦澤泰偉・児崎雅淑
本文デザイン・図版製作／あざみ野図案室

はじめに——すべては真空から生まれた

〝幽霊エネルギー〟の怪

「真空は決して〝空っぽ〟の空間ではなく、複雑きわまる物理系であり、この宇宙のすべては真空から生まれた」——これが、この本のメイン・テーマです。

真空とは、空気はもとより、あらゆる物質やエネルギーを完全に取り除き、完全に空っぽになった空間ということになっています。光を含むすべてのエネルギーを取り去られた真空は真っ暗闇で、どんな観測器や検出器も反応しません。人類はかなり以前から真空の〝存在〟に気づいてはいましたが、「真空は真空であって、それ以上議論の余地はない」と考えてきました。

ところが、20世紀に入り、真空に関してとんでもないことがわかってきたのです。なんと、真空が〝無言〟でざわめいているという事実です。——空っぽの真空がざわめく!? いったいどういうことでしょうか?

私たち人類が見出したのは、二つの驚くべき事実でした。一つは、「真空のいたるところで多数の粒子がひんぱんに出没している」ということ。二つめは、「空間から一切のものを取り除いても、〝発生源のないエネルギー〟が取り残されてしまう」ということです。さらには、「真空に出没している無数の粒子」と「発生源のないエネルギー」とが同じものだというのですから、困惑を覚えずにはいられません。

　真空から粒子が現れるとは、まさに「無から有が生じる」ことですが、本当でしょうか？　ふしぎなことに、たとえ真空にエネルギーが取り残されていても、あるいは真空から粒子が出没していても、その空間には温度がなく、真空であることには変わりがないというのです。なぜなら、真空に出没する無数の粒子（＝真空に取り残された発生源のないエネルギー）は、絶対に直接観測されることはなく、温度も観測しえないからです（温度の定義は第1章参照）。

　人間の五感にも観測器にも訴えることなく、まったく観測不可能であるというなら、それは「無」と同じです。真空内に得体の知れないエネルギーが存在していても（無数の粒子が出没していても）、真空はなお真空なのです！

　「場の量子論」という物理理論によれば、発生源のないエネルギーの量は「無限大」です。真空の中に無限大のエネルギーが潜んでいるなんて信じられますか？　しかも、無限大のエネルギーをもつにもかかわらず、真空には温度が存在しないのです！

さらに驚くべきことに、この発生源のない真空のエネルギーは単なる机上の理論ではなく、〝実在〟することが判明しました。真空のエネルギーが実際の物体に何らかの影響を及ぼした「結果」を観測することに成功したのです。

真空に潜む発生源のないエネルギー……、まるで〝幽霊エネルギー〟です。真空内にエネルギーがあることはわかっているのに、取り出すことはおろか観測することさえできない――だからこその真空である。……何とももどかしい話です。音の存在しない、まったくの静寂な世界である真空がゆらぎ、音を立てることなくざわめいている。謎めく「真空」の正体とは、いったい何なのでしょうか？

真空から叩き出された〝謎の粒子〟

私たちが暮らすこの宇宙が誕生したのは、１３７億年前のことです。「無」から発生した宇宙に、初めから物質（質量）があったなどとは考えられません。誕生間もない初期の宇宙は温度が非常に高く、どこから見ても何の変わり映えもしない「対称性」の保たれた世界でした。のちに、現在の物質の元となったすべての粒子は当時、質量ゼロのまま光速で走り回っていました。質量ゼロの粒子は物質粒子ではなく、したがって当時の宇宙空間は物質は一つも存在しない真空状態にありました。

ところが、宇宙が膨張して冷えはじめ、ある温度以下になったとき、真空に〝異変〟が生じます。その異変が真空の「構造」に劇的な変化を与え、粒子に後天的に「質量」を与えることになったのです。その瞬間以降、一部の粒子は質量を獲得するようになり、やがて物質を構成する種々の粒子がこの世に出現して、原子や分子が誕生しました。それら原子や分子がさまざまに結合することで各種の物質が生まれ、いつしか有機物が登場します。やがて生命が誕生し、私たち人間が存在するようになったのです。

その意味で、真空に起きた構造的な〝異変〟こそ、宇宙に存在するすべてのものの源ということができるでしょう。

この、初期宇宙の真空に起こった〝異変〟の正体に初めて気づいたのは、２００８年にノーベル物理学賞を受賞した南部陽一郎博士でした。南部博士のアイデアに触発され、「質量の起源」の探究に取り組んだピーター・ヒッグスらによって１９６０年代に提唱されたのが「ヒッグス機構」です。２０１２年７月、これを実証する「ヒッグス粒子」の〝発見〟が報じられ、大きなニュースになりました。

「ヒッグス場」は、真空に起こった〝異変〟の結果、全宇宙にわたってその空間を満たす「新たな構造」として誕生しました。１００％観測不可能であるヒッグス場が存在しようがしまいが、真空は相変わらず真空のままです。ところが、真空のきわめて狭い領域に人為的に巨大なエネルギーを〝注入〟してやると、ヒッグス場は揺さぶられ、振動を起こします。その振動が粒子となって真空から叩き出されたものが、他ならぬ「ヒッグス粒子」だというのです。

質量を生み出し、力を伝え、無限大のエネルギーがざわめく――真空には、謎めいた〝構造〟が備わっています。もし真空に何の〝構造〟も存在しなかったなら、この宇宙には銀河も人類も発生しなかったことになります。

‘There is something in nothing.

――「無」の中に〝何か〟が存在する。「真空のからくり」を解き明かす旅に、みなさんとご一緒に出かけることにしましょう。

２０１３年秋、ロサンゼルス郊外にて

山田　克哉

真空のからくり　もくじ

第1章 真空には「構造」がある

絶対ゼロ度

真空を知るためには、絶対ゼロ度における「真空の〝ふるまい〟」を知ることが必要不可欠です。まずは、絶対ゼロ度の定義からご紹介しましょう。

すべての物体は、膨大な数の原子や分子から構成されています。これらをひっくるめて、単に〝粒子〟と呼ぶことにしましょう。物体内の粒子はランダムな運動や振動をしており、これらの運動や振動に対応するエネルギーを「運動エネルギー」といいます。物体を構成している個々の粒子の運動エネルギーがまったく同じであることはありえないので、各粒子の運動エネルギーの平均値を考えると、この平均運動エネルギーがその物体の温度を決めます。粒子が速く運動／振動していると平均運動エネルギーは大きく（高く）なり、その物体の温度が高くなります（逆の場合は温度が低くなります）。

　粒子のもつ運動エネルギーは、つねにプラスの値です。運動エネルギーは当然、粒子の速度に関係し、物理学では質量mキログラムの粒子の速度が秒速vメートルである場合、その運動エネルギーは$\frac{mv^2}{2}$として表され、質量mも速度の2乗v^2もつねにプラスの量なので、運動エネルギーは必ずプラスの量になります。

　いま、物体内のすべての粒子が、一つ残らず完全静止している場合を考えましょう。速度vがゼロなので、すべての粒子の運動エネルギーがゼロとなります。当然、平均運動エネルギーはゼロで、物体の温度もゼロとなります。この「全粒子完全静止」に対応する温度より低い温度は存在せず、これが「絶対ゼロ度」です。

　しかし、量子力学が登場してからは「粒子の完全静止は不可能である」ことが明らかになりました。そのため、どんな手段を講じても、ある物体からいかなる量の熱エネルギーをも取り出すことのできない状態にあるとき、その物体の温度を絶対ゼロ度と決めています。絶対ゼロ度を基準にして定義された温度が「絶対温度」です。絶対ゼロ度以上の温度はすべてプラスであり、絶対温度計にマイナスの目盛りはありません。摂氏の温度では、絶対ゼロ度はマイナス２７３・１

5度に相当し、これ以下の温度は存在しません。絶対温度と摂氏温度（℃）との関係は、

絶対温度＝273・15＋摂氏温度

と表され、摂氏マイナス273・15度のとき、絶対温度はぴったりゼロ度になります。特に断りのないかぎり、この本では「温度」は必ず「絶対温度」を意味しています。

ところで、熱力学の立場から物体の温度をぴったり絶対ゼロ度にまで下げるのは、理論的にも技術的にも不可能であることがわかっています。温度はまた、何兆個から何十兆個、それ以上の多数の粒子から構成される「物理系」にだけ適用できるものであり、完全に隔離された電子1個や原子1個に対しては定義できません。温度の元はあくまでも物質粒子（質量をもつ粒子）の運動ですから、物質粒子が存在しないかぎり温度も存在しえません！

お金がないのにお金を貸す銀行？

「エネルギーとは何か」を説明するのはたいへん難しいのですが、エネルギーには、電気エネルギーや熱エネルギー、動力エネルギーなど、さまざまに形態の異なるものがあります。どんなエネルギーにも「発生源」があり、エネルギーが「無」から発生することはありません。また、どんなエネルギーも決して消滅することはありません。ただし、たとえば熱エネルギーが動力エネルギーに変わるなど、エネルギーの形態は変化しえます。

「エネルギー保存の法則」と呼ばれるこれらの〝自然の掟《おきて》〟が、必ずしも守られていない驚くべき状況が存在します。それが、「絶対ゼロ度における真空内」なのです。絶対ゼロ度における真空のこのような性質こそが、「発生源のないエネルギー」をもたらし、真空のいたるところで粒子の発生・消滅がランダムに繰り返される事態を引き起こします。

なぜそのようなことが起こるのでしょうか？

この謎を解明するカギは、「はじめに」で述べた「真空の構造」が握っています。実は真空は、エネルギーをもっていないくせに、ほんの短い時間だけ「真空にエネルギーを貸す」のです。もっていないものを貸す、すなわち「無」が「無」にエネルギーを貸すことは、「エネルギーは無から発生してはならない」という自然の掟を破っています。こうして、「エネルギー保存の法則」が破られます。

真空からエネルギーを借りることによって、真空は粒子を発生させています。しかし、借りたエネルギーはすぐさま真空に返さなければならないため、発生した粒子はほんのつかの間だけ生存し、すぐに消滅してしまいます。真空はいわば、お金がなくてもきわめて短期間だけお金を貸し、すぐまた返済させる銀行のような存在なのです。

真空からエネルギーを借りて粒子が発生し、はかない命を〝全《まっと》う〟して消滅する——にわかには信じがたいこのような現象が、真空のあちこちで繰り返されています。「真空に構造がある」

とは、このような現象が生じることを示す表現です。

　ところで、エネルギー同様、保存法則が存在するものとして「電荷」が挙げられます。電荷は、電気力や磁力（電磁力）を生み出す源で、いわば「電気の量」に相当します。コンピュータを含むすべての電化製品や電磁現象は、「電荷」の働きによるものです。電荷そのものが何であるかはわかっていませんが、「電荷保存の法則」に従い、決して「無」から発生することはなく、消滅することも絶対にない、とされている点でエネルギーとよく似ています。

　摩訶《まか》不思議な空間である真空では、電荷保存の法則も破られているのでしょうか？　思わず期待してしまいますが、残念ながら？・この法則は厳密に守られています。真空の各点には電荷が存在せず、電気的に中性ですから、さすがの真空も「無」から単独の電荷を発生させるなどという芸当は披露できないというわけです。

消滅する物質、誕生する物質

　ここで、原子の構成要素の一つである「電子」という極微の粒子について考えてみます（77ページ図2－5参照）。電子はマイナスの電荷を有していますが、この世にはプラスの電荷をもつ電子も存在しています。プラスの電荷をもつ電子は「陽電子」と呼ばれていますが、陽電子のもつ電荷と普通の電子の電荷はまったく同じ量で、唯一、符号が逆になっている点だけが異なります（電子はマイナス、陽電子はプラス）。

電子と陽電子は瓜《うり》二つで、その物理的性格はまったく同じです。質量にも電荷にも違いはありません。このように、電荷の符号（プラスかマイナスか）だけが互いに逆になっている二つの粒子を「反粒子」の関係にあるといい、普通の電子に対して、陽電子を「反電子」と呼びます。電子のみならず、すべての粒子に反粒子が存在します。

ただし、「光子《こうし》」（粒子としてふるまう光。41ページ参照）のように電荷をもたない粒子の場合は、粒子もその反粒子もまったく同じものと解釈されています。粒子のもつ電荷と、その反粒子のもつ電荷を足し合わせると、正味の電荷はゼロとなります。

反粒子の特徴は、対《つい》をなす粒子（反電子にとっての電子）と合体すると消滅してしまう点にあります。それぞれがもつプラスとマイナスの電荷が相殺され、両者が消滅した場所から電荷ゼロの二つの光子が現れます。光子は電荷も質量もゼロで、すなわち物質粒子ではないので、この消滅は物質の消滅ということになり、「対消滅《ついしょうめつ》」と呼ばれています。

逆に、十分に高いエネルギーをもつ光子（物質ではない！）は突然、「質量をもつ粒子」と「その反粒子」のペア（対）に変わることがあり、これを「対発生《ついはっせい》」といいます。現在の宇宙に存在する粒子のほとんどは粒子で、反粒子の数はゼロに近いほど少なく、たとえ反粒子が存在してもあっという間にそれに対応する粒子と合体して消滅してしまい、そこに光子が現れます。実験室で反粒子を〝生産〟しても、近くにある同種の粒子と合体してすぐ消滅してしまうため、大量の〝反粒子〟を溜め込むのはきわめて難しいことなのです。

ざわめく真空、ゆらぐ真空

1秒間がどれくらいの時間間隔であるかは、誰でも容易に感じとることができるでしょう。では、その半分の0・5秒は？　まあ、大体の見当はつきますよね。オリンピックの陸上競技、たとえば100メートル競走などの記録で用いられる「100分の1秒」あたりでも、感覚を超えるほどの時間間隔ではないでしょう。

これが「1000分の1秒」になるとどうでしょうか？　そろそろ感じとれる限界を超えてきそうです。あなたの目の前に、たとえば1万分の1秒間だけ何かが現れても、その姿を目撃することはできないでしょう。でも、ナノテクノロジーを使った特殊装置であれば記録可能です。肉眼では見えないというだけのことで、そこにはまだ「何のふしぎさ」も生じません。

ところが、真空から何らかの粒子が10億分の1秒や100億分の1秒、いやもっと短い時間間隔で現れているといったら？　もはや「見える」とか「見えない」とかの問題ではありません。「エネルギー保存の法則」を破って「無」から生じた粒子たちが、真空のあちこちに10兆分の1秒というごく短い時間間隔で発生・消滅を繰り返しているのです。外部から一切の邪魔だてをせずに、ありのままの真空の〝姿〟を観測することは不可能です。ですが、観測不可能ではあっても、決してSF的な出来事ではなく現実に起きていることなのです。

前述のとおり、電荷の存在しない真空は電気的にプラスでもマイナスでもなく、中性です。このため、プラスあるいはマイナスの電荷をもつ粒子は、単独で真空に発生することは許されません。「電荷をもつ単独の粒子」が真空から発生することは、すなわち「無から電荷が発生する」ことであり、たちどころに電荷保存の法則に違反してしまうからです。「エネルギー保存の法則」を破りうる真空をもってしても、「電荷保存の法則」は絶対に破ることができないのです。

電荷保存の法則を遵守するためには、たとえば電子（マイナス電荷）の場合なら、その反粒子である陽電子（プラス電荷）と対になって真空から発生しなければなりません。「電子-陽電子」の対がもつ全電荷はゼロであるため、電荷ゼロの真空から「電子-陽電子」対が発生しても、ゼロ＝ゼロで電荷は正確に保存されます。「電子-陽電子」の対は、「電子《でんし》対《つい》」と呼ばれます（図1-1）。

電子ばかりではなく、他の「粒子-反粒子」対にもまったく同じことが起きています。つまり、「電荷保存の法則」が厳守されるために、真空から発生する粒子は必ず「粒子-反粒子」の対になっていなければならないということです（ただし、後出する仮想光子の場合だけは、質量も電荷ももっていないために単独での出没が起こります）。

図1−1

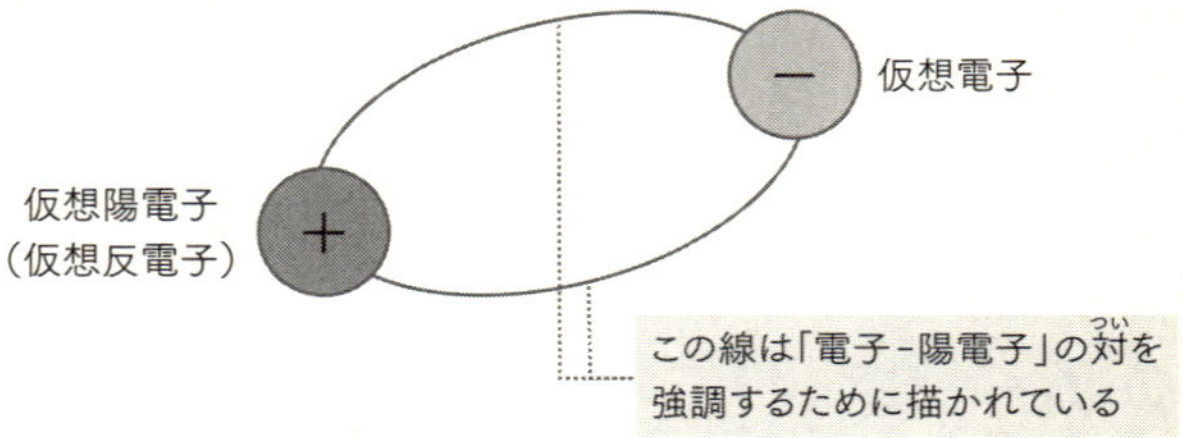

真空に発生した仮想電子対の一時的な姿。この後消滅するが、発生・消滅が繰り返される

しかし、粒子もその反粒子もエネルギーをもっているため、その「粒子-反粒子」対はエネルギーの発生源がない真空から発生していることになります。これは、発生した「粒子-反粒子」対がエネルギーのない真空からエネルギーを借りていることを意味します。「無」からエネルギーを引き出すこの行為が「エネルギー保存の法則」を破っていますが、借りたものは返さねばならないので、発生したエネルギーはすぐに真空中に消えてしまい、すなわち「粒子-反粒子」の対も真空に消えていきます。この「粒子-反粒子」対の生存期間が、10兆分の1秒などのようにきわめて短いのです。

真空では、「対発生」と「対消滅」がランダムに繰り返されています。真空から発生した「粒子-反粒子」対のどちらも、「仮想粒子」と呼ばれています。なぜなら、このような「粒子-反粒子」の生の姿を実際に観測することはまったく不可能であるからです。絶対に観測できない仮想粒子は、物質粒子とは見なされません。絶対に観測できないものは

「無」と同じですから、「粒子－反粒子」対が真空のいたるところで発生・消滅（出没）していても、真空は真空なのです。したがって、膨大な仮想粒子が寄り集まって物質を構成するなどということはありえません。物質が構成されるはるか以前に、すべての仮想粒子は消滅してしまうからです。

結局、真空ではいたるところで仮想光子と仮想粒子の出没がひんぱんに起きていることになり、これが発生源のない真空のエネルギーの元となっています。仮想光子が仮想電子対に化けて出て、その仮想電子対がふたたび仮想光子に戻り、それがまた仮想電子対に化けて出る、というようなことも起こっています。

絶対ゼロ度で真っ暗闇、かつ音のまったく存在しない「完全なる静寂の世界」であるはずの真空が、ひんぱんに出没する仮想光子や仮想粒子によって静かにざわめいているのです。この音なしのざわめきは、「真空のゆらぎ」ともいわれています。真空をざわめかせ、ゆるがす仮想粒子は、はたして〝幽霊粒子〟なのでしょうか？

驚くべきことに、仮想粒子が〝実在〟の物質に影響を及ぼす効果が観測されています。仮想粒子は、決して「幽霊」でも「空想」でもなく、確かに〝存在〟する粒子だというのです。観測不可能な実在粒子——仮想粒子は、実に奇妙な存在なのです。

図1－2

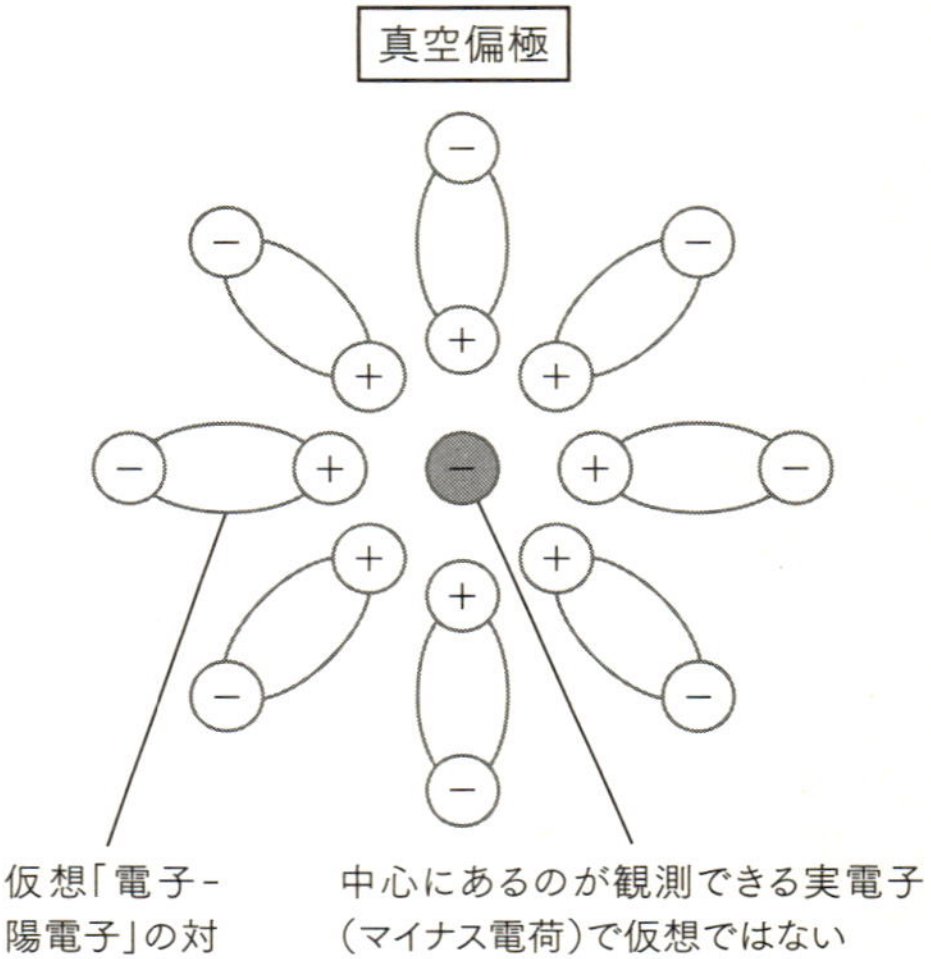

電子に群がる仮想電子対

いま、1個の「観測できる電子」が真空に置かれているとします。「実電子」と呼ぶことにします。実電子には、実に面白い現象が起こります。真空から発生した仮想の「電子－陽電子」対（仮想電子対）が、実電子のまわりにまるで飢《う》えたハイエナのように群がってくるのです（図1－2）。

これは一時的な〝姿〟で、仮想電子対は時間間隔にして100億分の1秒前後でひんぱんに発生・消滅を繰り返します。実電子の電荷も仮想電子の電荷も、そして仮想陽電子の電荷もまったく同じです。唯一異なるのは、仮想陽電子の電荷がプラスであることだけです。実電子の電荷はマイナスですから、真空で発生した仮想陽電子（プラス電荷）が実電子のマイナス電荷に引かれて群がり、仮想電子（マイナス電荷）は実電子のマイナス電荷に退けられます。その結果、図１－２のようになるのです。

実際には、図示したよりももっとたくさんの仮想「電子－陽電子」対が実電子のまわりに群がります。１個だけではなく、すべての実電子のまわりに真空から発生した仮想「電子－陽電子」対が群がるのです。このように、真空に置かれた実電子のまわりに仮想電子対が群がることを「真空偏極」と呼びます。

カシミール効果

「発生源のない真空のエネルギー」に強く動かされた二人の物理学者がいました。１９４８年、オランダの研究所にいたヘンドリック・カシミール（１９０９～２０００）とディルク・ポルダー（１９１９～２００１）が、真空内に平行に置かれた２枚の金属板の間に、外部から何のエネルギーを与えなくても引力が働くことを予想しました。これが実証されれば、まさしく真っ暗な真空内に存在するエネルギーの仕業であるということになります。

「カシミール効果」と呼ばれるこの現象を説明するにあたっては、まず金属の構造から知らなければなりません。あらゆる物体は膨大な数の原子が寄り集まって構成されていますが、個々の原子の中心にはプラスに帯電している原子核があり、そのまわりをマイナスに帯電した電子が取り囲んでいます。帯電量＝「電荷」です。原子核のもつプラス電荷とその周囲を覆っている電子の

図1－3

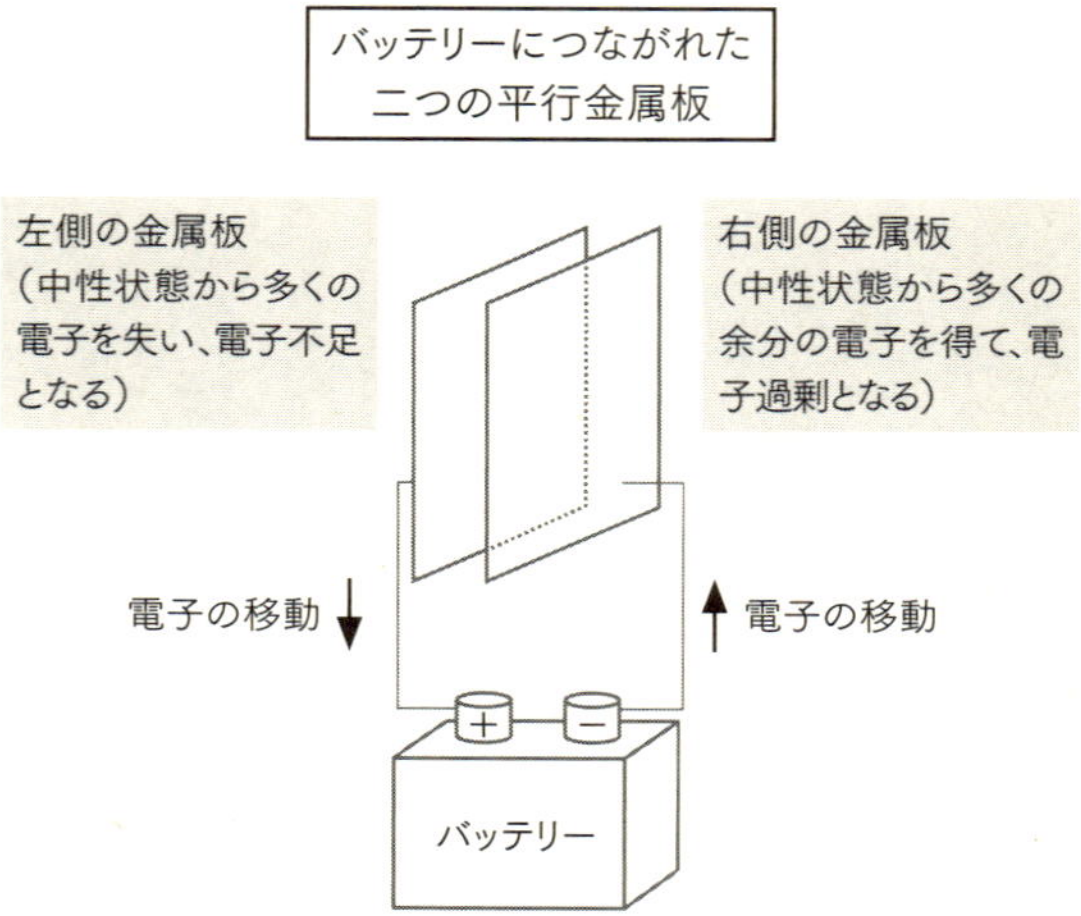

全マイナス電荷が等しくなっているためにプラスとマイナスが相殺され、個々の原子は電気的に中性になっています。

　鉄や銅、アルミニウムなどの金属内にも膨大な数の原子がありますが、普通の状態では電気的に中性を保っています。しかし金属原子の場合には、原子核の最も外側を覆っている1個（あるいは2個）の電子が原子から離れてしまっているので、個々の原子はマイナス不足になり、原子自身はもはや中性を保てずにプラスに帯電している状態にあります。原子を離れてしまった電子は、金属内で自由に動き回ることができるため、「自由電子」と呼ばれています。ただし、自由電子は金属の外には逃げ出せませんから、金属全体では電気的に中性です。

ここで、電気的に中性な二つの金属板を用意し、平行になるように設置します。その金属板を電線を使ってバッテリーにつなぎます（図１－３）。この二つの金属板は電気的に中性ですから、それぞれの金属板の正味の電荷はゼロです。この金属板内にわんさとある自由電子はマイナス電荷を所有しているためにバッテリーのプラス側に引き寄せられ、左側の金属板はマイナス不足になって正味の電荷がプラスとなります。

図１－４

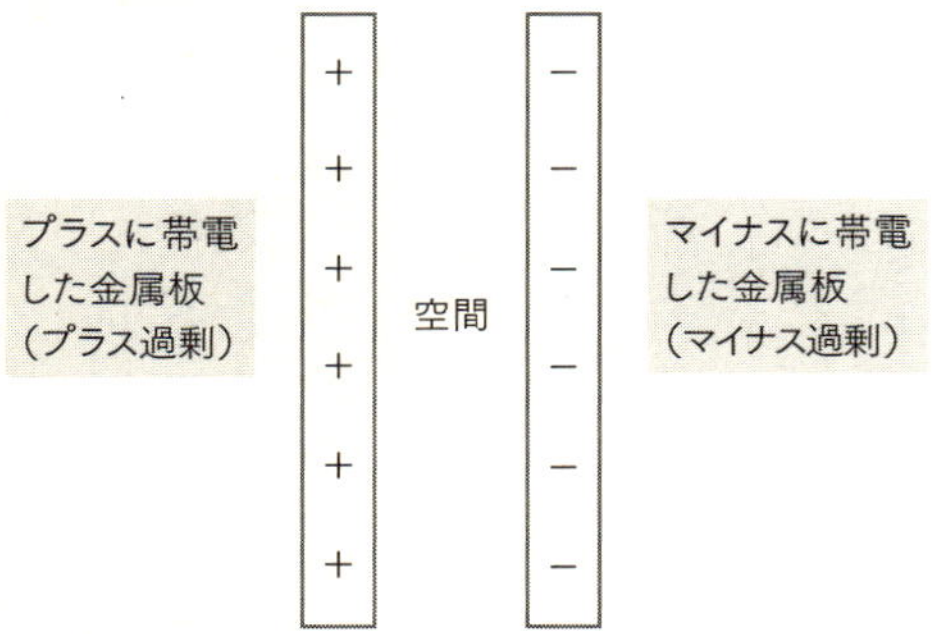

一方、バッテリーのプラスに〝吸い取られた〟左側の金属内の自由電子は、バッテリーの働きによってバッテリーを通して右側の金属板に移動し、もともと電気的に中性であった右側の金属板にたくさんの電子がなだれ込みます。右側の金属板はマイナス電荷過剰となり、マイナスに帯電します。バッテリーを二つの平行金属板から完全に取り外しても、二つの金属板は左側はプラスに、右側はマイナスに保たれています（図１－４）。

プラスとマイナスが電気的に引き合うことは周知のとおりです。つまり、二つの平行金属板の間には空間を隔てて、電気引力が働き、そのまま放っておくと二つの金属板はくっついてしまいます。接触を通して電子が元に戻り、電気的に中和されます。このことは、容易に理解できますね。それでは、カシミール効果ではどんなことが起こっているのでしょうか？

カシミール効果の奇妙さ

カシミールたちが考えついたのは、もし真空にエネルギーがあるのなら、2枚の平行金属板を真空にそっと置いておいても両者の間に引力が働くはずだということなのです。ちょっと理解に苦しむ話ですよね。なぜなら、2枚の平行金属板にはバッテリーがつながれていないからです。つまり、2枚の平行金属板のそれぞれは当初から（最後まで）電気的に中性であるということです。真空には電荷がありませんから、2枚の平行金属板の間には電気引力など発生のしようがありません。したがってその間には何の力も働くはずがないのです。

ところがカシミールたちは、バッテリーなどの小細工を何もすることなしに、単に2枚の金属板を正確に平行になるように真空に置いただけで、両者の間に引力が働くはずだと考えたのです。そのカギとなるのが、真空に潜む「発生源のない無限大のエネルギー」です。まるで幽霊のようなエネルギーが、2枚の金属板に力を及ぼすというのです。

こんな奇妙な現象は、物理学者ならずとも信じがたい話です。本当にそんな力が生じうるのか、多くの研究者たちが観測しようと実験を行いましたが、なかなか成功しませんでした。ところが、ついに1997年、アメリカのスティーブ・ラモローという人がカシミール効果を実証し、その後も精度の上がった結果が報告されています。真空内に潜む発生源のない幽霊エネルギーが〝実在〟していることを示した初めての実験でした。観測不可能なエネルギーが実在している？　カシミール効果は、「真空」の実像を知るうえできわめて重要な現象となっています。

現在、完全に空っぽである真空には、絶対ゼロ度であるにもかかわらず得体の知れないエネルギーが充満していることが疑いのない事実になっています。その得体の知れないエネルギーには発生源がないという結論さえ得られているのですから、ふしぎはますます深まります。絶対に観測できないエネルギーとはいったいどんなエネルギーなのでしょうか？

電磁波を空洞内に集める

カシミール効果を最も論理的、かつ簡単に説明するには電磁波を使うのがいちばんです。

話を簡素化するために、金属でできた六面体の箱を考えます（図1-5）。フタ（これも金属）がついているので箱の開閉が可能で、さらに一つの面の中央には小さな穴があけられています。

当然ながら、フタを開けると穴は明るくなり、閉じると穴は真っ黒です。以下の議論はすべて、金属箱のフタが閉められているものとして進めます。

図1－5

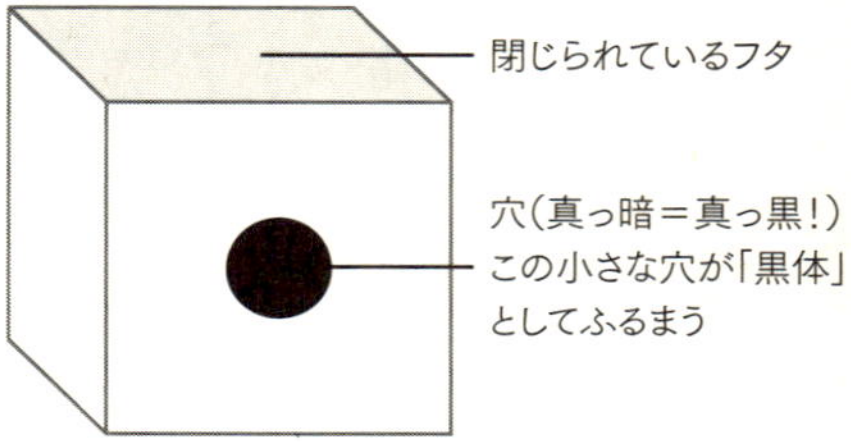

一つの小さな穴のある金属箱

箱の金属壁の内部には多数の電子があります。桁数としては、10^{24}個ぐらいの電子数です。マイナスの電荷をもつ電子、すなわち電荷が振動すると、その電荷によってもたらされる電場と磁場が交互に振動し、その振動は真空中を光の速さで伝播《でんぱ》していきます。

電荷の振動がもたらす波である電磁波そのものは物質ではありませんが、エネルギーをもっています。波である以上、電磁波は「振動数」と「波長」をもっています。電磁波にはさまざまに異なる種類があり、個々の電磁波それぞれに特有の振動数と波長をもっています。目に直接感ずる光（可視光線）も電磁波そのものです。したがって、光も物質ではありませんが、太陽から注がれる光のおかげで地上の生物が生存できることを考えると、光（電磁波）には明らかにエネルギーがあります。

さて、この金属箱全体を真空に配置し、真空内である実験を行います。当然ながら、箱の内外は真空です。フタをして密閉したまま、金属箱に熱を加えて温度を上げていきます。金属板内の電子は熱エネルギーを受け取って振動を開始し、多数の電子の振動による電磁波が発生します。

振動は「加速」と「減速」の繰り返しですが、電磁気理論によれば電荷をもつ粒子（荷電粒子）は加速されても減速されても、電磁波を放出します（拙書『光と電気のからくり』ブルーバックス参照）。

その結果、密閉された金属箱の内部は多数の電磁波で埋め尽くされます。異なった振動数と波長をもつ多数の電磁波が入り乱れていますが、個々の電磁波は他の電磁波から独立しています。特定の振動数（あるいは波長）をもつ電磁波は、たくさんの電磁波が入り乱れている中でもその同一性（アイデンティティ）を失うことは絶対にないのです（この性質のおかげで、空中にさまざまな電波が入り乱れていても、各テレビ局の電波を〝選局〟できるのです）。たとえある電磁波が他の電磁波とぶつかっても、その進路が曲げられることはありません（劇場の二つのスポットライトから出る光は、衝突しても直進しますよね）。

ただし、金属板から飛び出た電磁波は、他の金属板にぶつかるとそこで反射されます。つまり、金属箱の内部空間では、多数の異なった波長をもつ電磁波が反射による往復を繰り返しています。この金属箱の内部が真空であることを思い出してください。同時に、電磁波（光）は物質ではないことも思い出してください。

つまり、真空になっている金属箱の内部が電磁波で埋め尽くされても、その空間は相変わらず真空のままであるということです。ただし、これらの電磁波には明白な発生源があります。金属内の電子の振動です。この振動は熱が原因であるために「熱振動」と呼ばれています。

グラフの謎

密閉された金属箱の内部では無数の電磁波が飛び交っていて、金属壁の間で往復を繰り返しています（図1－6）。つまり、金属箱の内部空間にはありとあらゆる波長（振動数）をもつ電磁波が充満していることになります。しかし、金属の内壁は電磁波を発生するばかりではなく、吸収もします。

時間がたつと、金属の内壁から発生する電磁波の数と内壁に吸収される電磁波の数は同じになり、平衡状態に達します（熱平衡）。金属箱の内部はどこも同じ温度になり、一定に保たれます。電磁波の温度は金属箱の温度であると定義します。

箱の一つの面にある穴の大きさは十分に小さく、内部の電磁波がこの穴を通して外部に漏れ出ることはあっても、いったん外に出ていった電磁波はこの穴を通してふたたび箱の中に戻ってくることはないものとします。箱の温度を一定に保つかぎり、その小さな穴からはありとあらゆる振動数をもつ電磁波が放出されます。「空洞放射」と呼ばれる現象です。

振動数の違いによって、箱の外に飛び出た電磁波の強度（光でいえば明るさ）は異なります。ある振動数をもつ電磁波の強度は大きく、別の振動数をもつ電磁波の強度は小さいというよう

図1－6

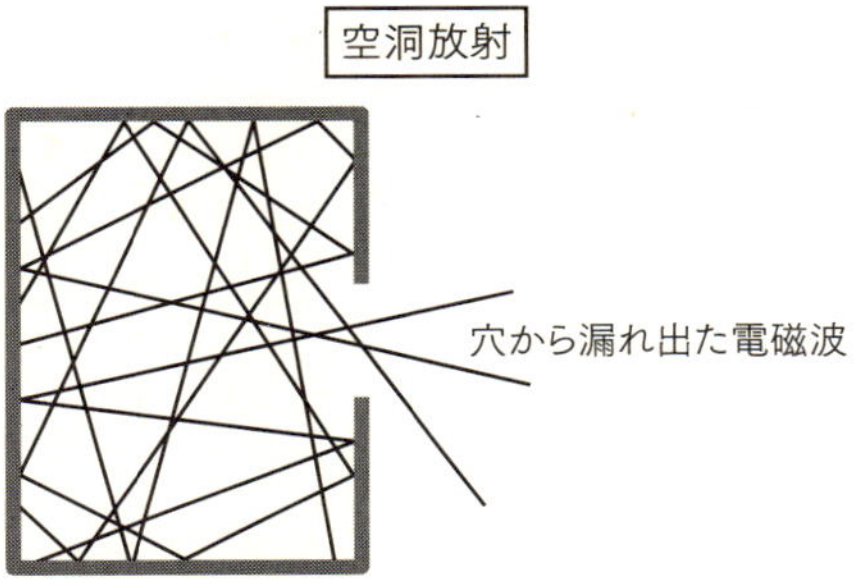

熱せられた金属箱。箱の中は電磁波でいっぱい。個々の電磁波は直進する他の電磁波とぶつかっても、なお直進する！　箱のフタは閉まっている

に、電磁波の強度は振動数に依存します。可視光線でいえば、光の明るさは色によって異なるということです。

ここで、四つの金属箱を用意します（図1－7）。四つの箱の温度はそれぞれ異なり、一定に保たれています。それぞれの箱の小さな穴から放出される電磁波の強度（明るさ）を測定します。

図1－8に示すように、一つ一つの金属箱の小さな穴から放射される電磁波に関して、縦軸に放出された電磁波の強度を、横軸に電磁波の振動数をとった四つのグラフを1枚のグラフ用紙に描きます。一つのグラフは一つの金属箱の温度に対応します。図1－8では、背の低いグラフほど金属箱の温度が低く、温度が高いほどグラフは上に膨らんでいます。これは、温度が高いほど小さな穴から出てくる電磁波の強度（明るさ）が大きくなることを意味しています。

どの温度に対応するグラフにもピークがあり、ピ

図1－7

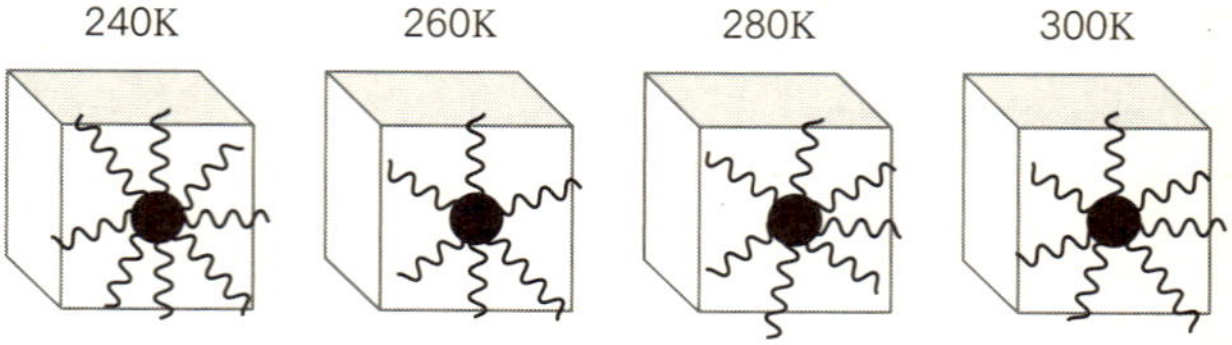

K（ケルビン）は絶対温度の単位。小さな穴からさまざまに異なる振動数をもつ電磁波が放出される。左から右に向かって金属箱の温度は高くなっていく。これが黒体放射となる

ークの両側では箱の穴から放射された電磁波の強度は小さく、あるいは「減少」しています。ある一定の温度の下で穴から放射される電磁波のうち、ある特定の振動数をもつ電磁波の強度（明るさ）が最も大きい（ピーク値）ことを示しています。金属箱の温度が高いほどピークは高くなり、またピークの位置が右側に（振動数の高いほうに）ずれていきます。

　これらすべてのグラフは、理想的な完全黒体を熱したときにその表面の単位面積（たとえば1平方センチメートルあたり）から放射される電磁波のグラフとまったく同じになっていることから、密閉された金属箱の小さな穴から電磁波が放出される現象を「黒体放射」と呼びます。「完全黒体」はすべての振動数をもつ電磁波を放射しますが、金属箱の温度が絶対ゼロ度の場合には、逆に外部からすべての振動数をもつ電磁波を穴を通して１００％吸収し、反射はまったく起こしません。したがって、完全黒体から光が放射されることはなく、吸収のみで穴は真っ黒に見えます。

図1−8

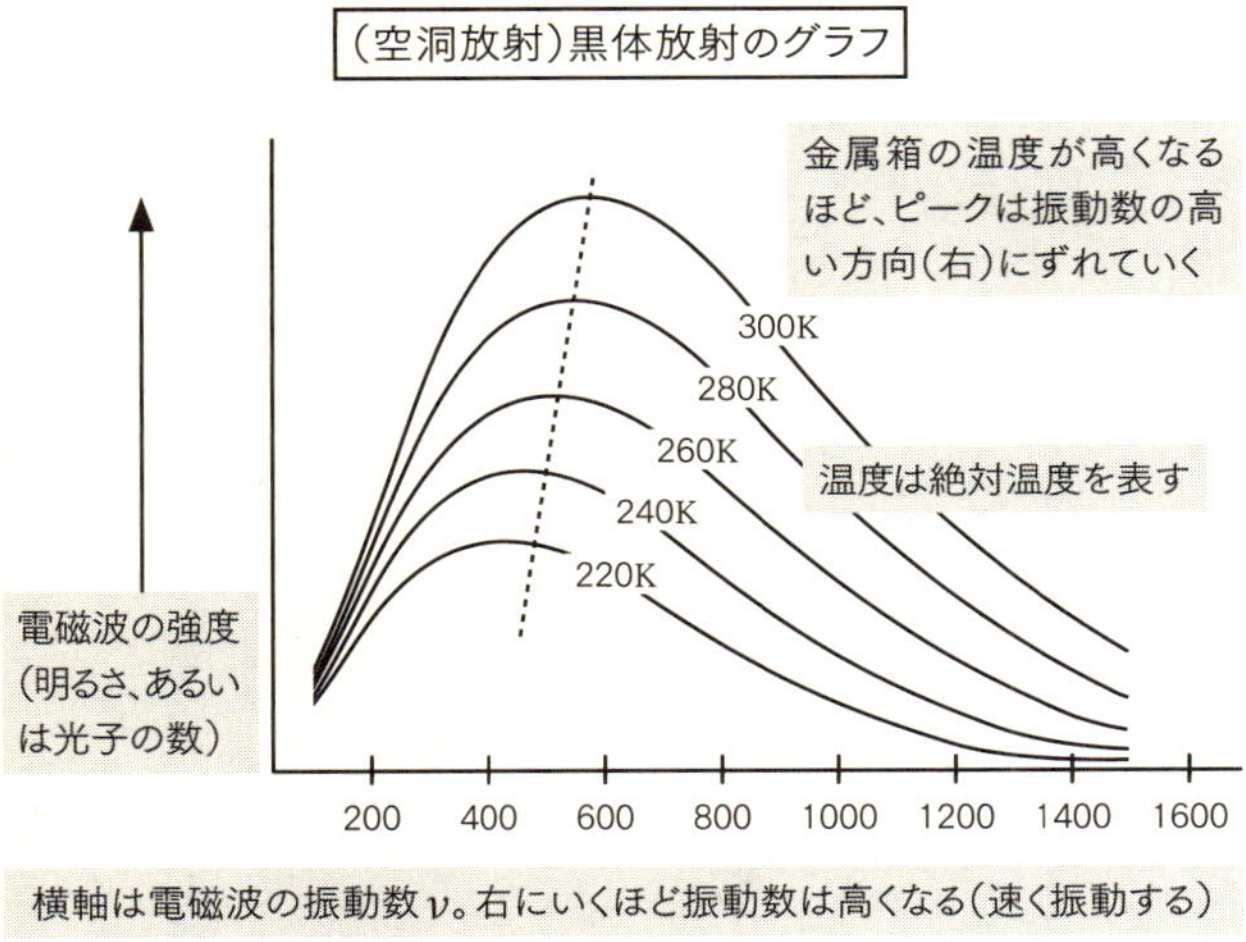

このグラフは、一つの温度の下では小さな穴から放射される電磁波の強度(縦軸：明るさ、あるいは光子の数)が振動数(横軸)によって異なることを示している

金属箱全体ではなく、1ヵ所にあけられた小さな穴の部分が黒体に相当します。黒体放射理論によれば、黒体の形状や黒体を形成している物質の種類にまったく関係なく、図1−8とまったく同じグラフが得られることがわかっています。つまり、どんな形状でもどんな物質でも自由に選べるということで、話を簡素化するために六面体の金属箱を考えてきたわけです。

　これらのグラフは実際に実験を行ったデータから作成されたグラフであることを強調しておきます。決して理論的考察によって得られたものではありません。問題は、なぜグラフがこのような形をしていなければならないかということです。どんな物体でもそれがどんな形状をしていても、熱せられるとそこから電磁波が発生し、振動数に対する電磁波の強度を示すグラフは、図1－8とまったく同じ形状になるのです。その裏には、何か深い物理理論が隠されているような気がしませんか？

プランクが見出した「世紀の数式」

幾多の物理学者たちの挑戦をはねつけてきたこのグラフの謎が、ついに解き明かされるときが来ました。ドイツのマックス・プランク（1858～1947）が、図1－8のグラフを数式で表すことに成功したのです。しかも、その数式には、実にとんでもない事実が隠されていました。読者のみなさんの中には、数式を見た瞬間に頭が痛くなるという人もいらっしゃるでしょうが、世紀の発見と呼ぶべき「数式」ですから、ぜひともその〝姿〟を見ていただきたいと思います。

式1－1が、プランクの発見した数式です。金属箱の小さな穴から出てくる電磁波の強度Iを表したものです。この式には、電磁波の振動数ν《ニュー》と金属箱（黒体）の絶対温度Tが入っています。式中のアルファベットhは、「プランクの定数」と呼ばれています。

この数式に隠されていた重要な事実——それは、電磁波のもつエネルギーの量は連続的には変化できず、不連続的にしか変化しないということです。お金になぞらえて考えてみましょう。日本の通貨「円」はその最低量が１円で、すべての物価は１円の整数倍になっています。76・３４円などという値段の商品はありません。76円の次は77円で、円は１円間隔で飛び飛びに変化し、決して連続的には変化しません。

電磁波のエネルギーもこれと同じで、ある間隔＝単位をもって不連続にしか変化しないのです。電磁波の振動数（周波数）は、１秒間あたりの振動回数を表します（電磁波の場合、振動する〝モノ〟は磁場と電場で、この両者が交互に振動するのですが、詳細は拙書『光と電気のからくり』を参照してください）。電磁波はある振動数で振動し、その振動が真空を光の速さで伝播します。振動数の高い電磁波も低い電磁波も、すべての電磁波は同じ光速度（秒速30万キロメートル。１秒間に赤道のまわりを7回り半する）で真空を伝播します。

式１－１

$$I=\frac{2h\nu^3}{c^2}\frac{1}{e^{\frac{h\nu}{kT}}-1}$$

いま、ある特定の電磁波を考えてみましょう。その振動数をνで表すと、振動数νは１秒間にν回振動することを意味します。虹に見られるように光（可視光）にはさまざまに異なる色の光が混合されており、混合された光は無色になります。一つの特定の色をもつ光は、特定の振動数をもっています。つまり、振動数が光の色を決めるのです。

振動数νにプランクの定数hをかけると、エネルギーの単位になり、$h\nu$は一つのエネルギーの量を表します。振動数ν（1秒間にν回振動する）が多いほど（速く振動するほど）、その電磁波のエネルギーは大きく、小さいほど（ゆっくり振動するほど）小さくなります。特定の振動数ν（光の場合は特定の色）をもつ一つの電磁波のエネルギーの量の変化は、次のように連続的ではなく飛び飛びに変化します。

0、$h\nu$、2$h\nu$、3$h\nu$、4$h\nu$、5$h\nu$、……（νはすべて同じ値）

エネルギー変化の間隔は$h\nu$です（これは、通貨「円」の最小単位が1円であることに相当します）。ここで注意すべきは、右に掲げた飛び飛びのエネルギーのすべてに入っている振動数νが、いずれもまったく同じ振動数（同じ値）であるということです。つまり、一つの確定した振動数で振動している電磁波のエネルギー量は、飛び飛びにしか変化できないのです。

これを「エネルギーは量子化されている」と表現します。エネルギーが量子化されているとは、いったい何を意味するのでしょうか？　熱せられた金属箱の内部を飛び交う電磁波の吸収や放射について話していたことを思い出してください。プランクが見出した数式は、物体が光を吸収したり、あるいは放射したりするときに、一度に吸収・放射できる最低量は$h\nu$であり、決して1・7$h\nu$とか0・3$h\nu$といった値のエネルギーにはならないことを示していたのです。1円の次が2円であるように、$h\nu$の次は2$h\nu$です。熱せられた物体は、光を不連続にしか吸収・放射できないのです。

「プランクの黒体放射理論」と呼ばれるこの理論は、「量子力学」の幕開けとなりました。時に、１９００年12月のことでした。そして、この不連続に変化するエネルギーこそ、本書のメインテーマである真空の構造を解き明かすカギを握っていたのです。

真空に取り残された電磁波

プランクの公式と呼ばれる式１－１は、「ν」というある特定の振動数で振動している電磁波の取りうるエネルギーの量はたった一つに定まるのではなく、飛び飛びになってたくさんの値を取りうることを示しています。各エネルギーの値は異なりますが、振動数νはすべて同じ値です（ある一つの電磁波は、一つの振動数でしか振動しないことを示しています）。

この本の目的に関して重要なことは、プランクの公式に絶対温度Tで示される金属箱の温度が入っているということです。図１－８の各グラフが、金属箱の温度（T）によって背の高さが異なるのはこのためです。それでは、考えられる最低の温度、つまり絶対ゼロ度（$T=0$）になるまで金属箱の温度を下げていったらどうなるでしょうか？　絶対ゼロ度に到達すると金属内の電子は熱振動しなくなり、電磁波を出さなくなります。つまり、電磁波の発生源が断ち切られた状態です。結果として、金属箱の内部空間（真空）には電磁波が存在しなくなります。

ところがです。アルバート・アインシュタイン（1879〜1955）とオットー・シュテルン（1888〜1969）は1913年、金属箱の温度が絶対ゼロ度になっても、箱の内部にすべての振動数をもつ電磁波が取り残されていることを示す数式を発見したのです。絶対ゼロ度の金属箱内に取り残された、振動数νで振動している電磁波のもつエネルギー（ゼロ点エネルギー）は、$h\nu/2$と表されます。

ここには絶対温度Tが入っていませんから、金属箱内に取り残されている電磁波のエネルギーは金属箱の温度がゼロ（$T=0$）であっても消えることはありません。すなわち、たとえ金属箱の温度が絶対ゼロ度になって金属内の電子が熱振動を止め、電磁波をまったく放出しなくなっても、金属箱内には$h\nu/2$という量の電磁波エネルギーが真空中に取り残されることになります。この取り残された電磁波エネルギーこそ、「発生源のないエネルギー」の源となるのですが……、何とも奇妙な話だと思いませんか？

空気の中にも無限大のエネルギーが！

金属箱内の空間に空気があろうとなかろうと、たとえ絶対ゼロ度であっても、そこには「取り残された電磁波エネルギー」が存在する――事実は小説より奇なりといいますが、まさにそれを地で行くふしぎな現象です。先にも記したとおり、金属箱内は完全な真空ですから、$h\nu/2$という量は電磁波の発生源がなくても金属箱内に取り残される電磁波エネルギー、すなわち「最低エネルギー」を表すことになります。

私たちになじみ深い可視光線を使って、もう少し詳しく説明しましょう。虹に見られるように可視光線には多種の色が混合されていますが、電磁波である以上、光の色はその振動数（あるいは波長）によって決められます。そこで、異なる振動数（異なる色）を強調するために、それぞれの振動数νに下つきの添え字（数）をつけることにしましょう。

ν_1＝赤色光に対応する振動数
ν_2＝オレンジ色光に対応する振動数
ν_3＝黄色光に対応する振動数
ν_4＝緑色光に対応する振動数
ν_5＝青色光に対応する振動数
ν_6＝紫色光に対応する振動数　以下、ν_7、ν_8、……と続く。

各色によって振動数が異なりますが、色（振動数）は連続的に変化するので、右に掲げた色の他にも、無数の中間色があるはずです。たとえば、振動数ν_1とν_2の間には無限個の異なる振動数が存在します（色が徐々に、連続的に変わっていく）。これが、振動数が連続的に変化するということです（少しややこしいのですが、「ある一つの振動数」をもつ電磁波のエネルギーは飛び飛びに不連続にしか変化しませんが、振動数自体は連続的に変化するということです）。

可視光の他にも、電磁波にはマイクロウエーヴや赤外線、紫外線、X線、ガンマ線などがありますが、それぞれ固有の振動数をもっています。黒体（熱せられた金属箱）からは、これらすべての電磁波が発せられ、温度によってその強度が変化します。つまり、黒体から放射される電磁波は無数に異なった振動数で振動していることになります。振動数νで振動する電磁波の最低エネルギーが$h\nu/2$であることを思い起こすと、絶対ゼロ度であっても真空内には無数の最低エネルギーが存在することになります。

$h\nu_1/2$＝振動数ν_1で振動する電磁波の最低エネルギー
$h\nu_2/2$＝振動数ν_2で振動する電磁波の最低エネルギー
$h\nu_3/2$＝振動数ν_3で振動する電磁波の最低エネルギー
$h\nu_4/2$＝振動数ν_4で振動する電磁波の最低エネルギー　……、こちらも無限に続きます。

ここが大事なポイントですが、振動数が連続的に変化することを考えると、電磁波の最低エネルギーは無限個あることになります。したがって、個々の最低エネルギーは無限大でなくても、それらをすべて足し合わせると無限大になってしまいます。金属箱の温度が絶対ゼロ度以上の場合には、金属内の電子が熱振動するためそこから電磁波が発生するのですが、絶対ゼロ度になった金属箱の内部では金属内の電子は熱振動をやめるため電磁波は発生していません。

それにもかかわらず、絶対ゼロ度に対応する電磁波エネルギーが存在するのです。しかも、発生源なくして存在する金属箱内（そこは絶対ゼロ度で完全なる真空！）全体の電磁波エネルギーは無限大になるというのです（有限の最低エネルギーの値の数が無限個あるということです）。

金属箱内の真空は決して〝特別な真空〟ではないので、この状況は他のどんな真空に対しても拡張でき、あらゆる「絶対ゼロ度の真空」には、ゼロではない最低エネルギーをもつ電磁波が充満していることになります。

結局、真っ暗な完全真空内には、温度が絶対ゼロ度であっても無限のエネルギーが秘められているという結論に達します。地球を取り巻く大気（空気）は空気分子でできていますが、空気分子と空気分子の間隙は完全真空です。つまり、そこにも無限のエネルギーが潜んでいることになります。空気の中に無限のエネルギーが潜んでいると考えると、呼吸もひと味違ったものになった気がしませんか？

量子力学を嫌ったアインシュタインの功績

さて、プランクの黒体放射理論に刺激されたアインシュタインは、光は電磁波という「波」であるけれど、同時に「粒子の流れ」でもあると仮定しないかぎり、どうしても説明のつかない現象があることに気づきました。逆にいうと、電磁波という「波」として光を扱うとまったく説明のつかない現象が存在したのです。
「光電効果」と呼ばれるものです。アインシュタインは光を粒子の流れとして扱うことによって光電効果を見事に説明し、その功績で１９２１年のノーベル物理学賞を受賞しました。光電効果の詳細に関しては拙書『量子力学のからくり』（ブルーバックス）に譲りますが、光電効果を説明するにあたり、アインシュタインが光を波ではなく「粒子」として扱ったことに意味があります。その後の多種の実験で、光は物質（特に電子のような電荷をもつ粒子）と反応するときには、必ず粒子としてふるまうことが決定的となったからです。

アインシュタインの後、アメリカのアーサー・コンプトン（１８９２〜１９６２）は光が電子にぶつかると、電子は光によってすっ飛ばされてどこかに行ってしまい、さらに電子と衝突した後の光は電子をすっ飛ばすのにエネルギーを消費してしまった結果、その分エネルギーの量が減少することを実験的に確かめました（「コンプトン散乱」といいます）。

どんな顕微鏡を使っても絶対に観察することができないほど小さな電子が光によってすっ飛ばされるためには、光が粒子であることが絶対条件となります。人間の目の網膜に当たるときも、光は粒子になっています。光が粒子でないかぎり、私たち人間の目を通してモノが見えるという現象にも決して説明がつかないのです。

粒子としてふるまう光は、「光子」（フォトン）と命名されました。「波が粒子としてふるまう」

事実は、のちの量子力学の発展に直結しています。量子力学の発展には、明らかにアインシュタインの功績が大きいのですが、彼自身は「量子力学は不完全な理論である」と言い残したままこの世を去りました。

光が波としても粒子としてもふるまう――容易には理解しづらい事実ですが、簡単にいえば、誰も見ていないとき、あるいは物質と反応していないときの光は「波」として存在し、電子などのような荷電粒子（電荷をもつ粒子）と反応するときには「粒子」としてふるまうということです。そして、粒子としてふるまう光＝光子は、「真空のからくり」を解き明かす主役の一人です。次項では、この謎めいた粒子の性質に迫ります。

光子――謎めいた粒子の性質

光子は、電磁波が粒子としてふるまうときに現れる完全な粒子で、他の粒子とまったく同じように、衝突の際に他の粒子を突き飛ばす性質をもっています。すなわち、個々の光子はエネルギーをもっているということです。エネルギーをEとすると、光子１個のもつエネルギーは次のように表されます。

$$E = h\nu$$

おや？　右辺の$h\nu$には見覚えがありますね。そうです、34ページで登場しました。光子１個のもつエネルギーは振動数νに比例し、振動数νが高いほど（速く振動するほど）光子のエネルギーは高いということになります。

物理学では、光子という粒子は、電磁波が量子化された結果として現れたと解釈されています。電磁波は波であり、振動数νをもっているために、光子1個のもつエネルギーは振動数νに比例するわけです。しかし、電磁波そのものが物質ではないために光子自身も物質ではなく、したがって光子は質量をもちません。重さが正確にゼロの粒子で、たえず光速度で飛び回っています。

繰り返します。光子の質量は正確にゼロです！　さらに、電荷をもたない光子は電気的に中性ですが、磁場と電場からなる電磁波が粒子化した姿が光子ですから、当然、電子のような荷電粒子と反応します。これは、光子が電子と衝突した際に電子を突き飛ばすことを裏づけています。光が植物の葉に当たったり、あるいは人間の目の網膜に当たったりすると、光子のもつエネルギーは吸収されます。この吸収されたエネルギーのおかげで、植物の光合成作用が起こったり、私たちの目にものが見えたりするのです。

光子はまた、どんな状態に置かれても分割されることはありません。1個の光子が二つに分割されるなどということは絶対に起こらないのです。この事実は、〝光子〟という粒子に、内部構造が存在しないことを意味しています。

光子が、重さ（質量）が正確にゼロの粒子であることを意識してください。宇宙誕生直後には、光子ばかりではなく、すべての粒子に質量がありませんでした。物体に光が吸収される場合、光子（粒子）として吸収されます。１回に吸収される光のエネルギーの量は$h\nu$です。光のエネルギーの吸収や放出は、何個の光子が吸収・放出されたかということを示しています。つまり、光が物体に吸収されたり、逆に放出（黒体放射のように）されたりする現象は、エネルギー的に不連続にしか生じず、これはプランクが彼の黒体放射理論で発見した結果（32ページ参照）に一致しています。「光子」を使って光の明るさ（あるいは強度）を表現すると、明るさは光子の数に比例します。光子の数が多いほど明るいわけです。

ここで、31ページ図１‐８で示した黒体放射のグラフに立ち返ってみます。縦軸は電磁波の強度（明るさ）ですから、「光子の数」に置き換えることができます。つまり、何個の光子が黒体から放出されるのかは、振動数νによって異なるわけです。結局、電磁波の強度はエネルギーをもつ光子の数に置き換えることができるということになります。光子１個のもつエネルギーは$h\nu$ですから、同じ〝色〟（同じ振動数）の光子が１００個あれば、そのエネルギーは１００$h\nu$となります。

図１‐８の黒体放射のグラフにピークがあるということは、ある特定の振動数νをもつ光子の数が最も多く、その両脇では、ピークに対応する振動数より大きい（あるいは小さい）振動数を

もつ光子の数が減少することを示しています。

振動数νは1秒間の振動回数ですから、まったく振動しない場合の振動数はゼロであり、振動数には「下限」があることになります。しかし、少なくとも原理的には「上限」はありません。より正確には、振動数の上限は無限大（1秒間の振動回数が無限大）ということになります。横軸が振動数νである図1－8において、ピークより右側にいくと振動数の高い光子の数が急速に減少していくことがわかります。黒体の温度に関係なく、ピークの右側では振動数νが高くなればなるほどそれに対応する光子の数は減少し、振動数νが無限大になると光子の数はゼロになってしまいます。

結局、ピークに対応する振動数より高い振動数をもつ光子の数は少ないという結論に達し、無限大の振動数（＝無限大のエネルギー）をもつ光子は存在しないことになります。もし無限大の振動数をもつ光子があるとすれば、光子たった1個のエネルギーだけで黒体のエネルギーが無限大になってしまうというナンセンスな事態が起こります。だからこそ、振動数が無限大に近づくと、光子1個のもつエネルギーは急激に減少するのです。

繰り返し注意を喚起しますが、真空のエネルギーが理論的に無限大になるのは、決して個々の光子のエネルギーが無限大になるわけではなく、ゼロでない最低エネルギー値（$h\nu/2$）の数が無限個あるということです。それらすべてを加算すると、無限大のエネルギーになるのです。

「仮想光子」現る！

金属箱が絶対ゼロ度になって箱内に熱振動による電磁波がなくなっても、箱内に取り残された固有の振動数をもつ無限個の最低電磁波エネルギー $h\nu/2$ をすべて足し合わせると、無限大のエネルギーになってしまいます。これだけでも十分にふしぎな現象なのですが、ここに「無限大」の問題に勝るとも劣らないきわめて奇妙な事態が発生します。それは、真空からどうしても取り除けない最低エネルギーが「$h\nu/2$」として表されているところから来るものです。

アインシュタインによれば、電磁波が量子化されて粒子（光子）としてふるまうとき、光子１個のもつエネルギーは「$h\nu$」であって、決してその半分の「$h\nu/2$」ではありません！　１個の光子はどんなことがあっても分割されないことをすでにご紹介しましたが、これは実験的にも確かめられている事実です。したがって、$h\nu/2$ という量のエネルギーは、半分にされた光子のエネルギーを表すものではありません。

……ということは、絶対ゼロ度の真空内に $h\nu/2$ というエネルギーが取り残されてはいるものの、その真空内には光子が１個も存在しないということになります。光子の振動数を示している ν をもとに議論を進めてきたのに、奇妙な話ですよね？　ここに、「仮想光子」が登場します。

真空に潜む電磁波の最低エネルギーは $h\nu/2$ であって、この値は光子１個のもつエネルギー $h\nu$

の半分です。しかし、エネルギー不足ではあっても、のちに登場する〝ふしぎな原理〟に従ってつかの間だけエネルギーは$h\nu$に増え、そのつかの間だけ光子が現れるという現象が真空内で生じています。現れた光子はすぐまた消滅し、そしてまた現れ……と、光子の発生・消滅が繰り返されているのです。

つかの間だけ存在する、発生・消滅を繰り返す粒子……聞き覚えがありますね。そう、仮想粒子です。実は光子にも〝仮想版〟があり、この、真空につかの間に発生して消滅する光子が「仮想光子」と呼ばれているのです。他の仮想粒子と同じように仮想光子は観測不可能で、通常の光子同様、質量も電荷ももっていません。

可視光線に対応する仮想光子は、つかの間にパッと光り、すぐに消えてまたパッと光り、またすぐ消えてパッと光る……、ということを繰り返していると思われますが、その「パッと」の間隔が１００億分の１秒などという超短時間ですから、その明滅が人間の目に感じられるはずはありません。

真っ暗闇の真空には、観測不可能な光が充満していることになります。真空で仮想光子が消滅すると、そこに仮想電子対（仮想電子と仮想陽電子のペア）が現れ、その仮想電子対はすぐにも消滅して、消滅地点にふたたび仮想光子が現れる、という現象が繰り返されています。仮想光子ばかりではなく、真空にはあらゆる種類の「仮想粒子－仮想反粒子」対が出没しています。真空は、実に複雑きわまりない奇妙な空間ですね……。

ふしぎがってばかりもいられないのは、以上のような現象が空気中でも起こっているということです。先ほども指摘したように、空気は隙間だらけで、その隙間がすべて真空だからです。だからこそ、仮想粒子は原子などの実在する物質に〝ちょっかい〟を出しています。その証拠の一つがカシミール効果で、この現象は仮想光子を使っても説明可能なのです。

つまるところ、「真空のエネルギー」は量子力学から生じる結果です。実に奇妙な話ではありますが、現在までのところ量子力学に違反する物理現象が一つも観測されていないことが、「真空のエネルギー」の存在を強固に下支えしています。

続く第2章では、「真空」の謎を解明するのに不可欠な、きわめて重要な原理を紹介します。すべての量子の行動を律するその〝ふしぎな原理〟の名を、「不確定性原理」といいます。

第2章 真空から粒子を叩き出せ

波動性と粒子性の関係

不確定性原理の名は、多くの方がご存じかもしれません。量子力学におけるさまざまに奇妙な現象の根本にあるすべての量子の行動を規定する、実に〝ふしぎな原理〟です。「真空のからくり」を暴き出すために不可欠なこの原理について理解する前提として、量子のもつ二つの性質、すなわち「波」としての性質と「粒子」としての性質の関係について見ておきましょう。

〝波〟は空間的に広がりをもって存在しますが、〝粒子〟は空間の1点を占め、広がりをもちません。電磁波は、波にしか起こらない「回折現象」と「干渉現象」を引き起こすので確実に

「波」です。しかし、電磁波は荷電粒子に出会うと、完全に粒子＝光子としてふるまいます。電磁波は波としてもふるまい、また粒子としてもふるまう「二重性」をもっていることになります。波としてふるまうことを「波動性」といい、粒子としてふるまうことを「粒子性」といいます。

　フランスのルイ・ド・ブローイ（１８９２〜１９８７）は電磁波が粒子としてふるまうなら、質量をもつ電子などのような極微粒子もまた波としてふるまうと主張する論文を発表し、やがてそれは実証されました。電子が波としてふるまう場合は「電子波」と呼ばれます。

ド・ブローイの式

$$\text{波長} = \frac{\text{プランクの定数}\ h}{\text{運動量}}$$

　ただし、電磁波の場合も電子波の場合も、「粒子性」と「波動性」が同時に現れることはありません。観測の仕方によって、「波動性」か「粒子性」のどちらか一方のみが現れるのです。ということは、「波動性」と「粒子性」との間には何らかの〝関係〟があるはずです。波の特徴の一つは「波長」をもつことです。一方、粒子の特徴は「運動量」です。粒子の運動量とは、粒子がもう一つの粒子に衝突した際に、相手の粒子を突き飛ばす能力（運動の強さ）をいいます。

　ド・ブローイは、「波動性→波長」と「粒子性→運動量」の間に、「ド・ブローイの式」として表される関係を見出しました。式２－１のように書き直

式2－1

$$波動性 \approx \frac{プランクの定数\,h}{粒子性}$$

せば、プランクの定数hは「波動性」と「粒子性」のつなぎ役をしていることがわかります。これがプランクの定数hの物理的な解釈です。プランクの定数hが歴史に初めて登場した黒体放射の数式（式1－1）をもう一度見てください（33ページ参照）。この数式からhの値を割り出すと、h＝6・626×10^{-34}J・sになります。

最初の6・626はあまり気にする必要はありませんが、重要なのはこの数値の大きさを決める桁数「10^{-34}」です。それは、

$$10^{-34}=0\cdot\underbrace{00000000\cdots\cdots00000000\cdots\cdots0000000}_{\text{33個のゼロ}}1$$

という、小数点以下にゼロが33個も並ぶ巨大な桁数です。プランクの定数hは、人間の感覚をはるかに超えるほど小さな値であることがわかります。プランクの定数がなぜこれほど小さな値でなければならないのかは誰にもわかりません。私たちに唯一理解できるのは、もしプランクの定数がこの値でなかったら、現在のこの世界に存在する原子の大きさが変わってしまうか、あるいはそもそも原子など生成されなかったかもしれないということです（つまり、人類が発生しなかった?）。そして、このプランクの定数hの「小ささ」こそが、前章から私たちを翻弄している「発生源のない真空のエネルギー」を説明するのです。

プランクの定数の値がこれほどまでに小さいがゆえに可能となったことの一つに、電子の波動性が実証されたことが挙げられます。電子などの極微粒子の波長や振動数が実測されるほどの値でありうるのは、プランクの定数の値が十分に小さいおかげなのです。電子のように小さな粒子が波動性を呈する場合、その波長は電子の大きさ（点ほど小さい）よりはるかに長いので、鮮やかに電子の波動性を観測することができ、実験データからその波長をかなり正確に算出できます。

一方、たとえば野球のボールは決して波としてふるまうことはありません。野球のボールが波としてふるまうときの波長にもやはりプランクの定数が入っており、波長を計算するとプランクの定数hがあまりにも小さいためにボールの直径より桁外れに小さな波長が現れるからです。ボールは誰の眼にもはっきり見えるほどの大きさなのに、ボールの波長はゼロに近いようなきわめて小さい値になります。そんなボールがたとえ波としてふるまっても、その波を観測できるはずがありません。これはひとえに、プランクの定数hがきわめて小さな値であることが原因です。

面白い現象だと思いませんか？　プランクの定数があまりにも小さな値であるがゆえに電子などの極微粒子の波動性は実測され、同時に野球のボールのような大きな〝粒子〟の波動性は観測されないのです。

「波動性」と「粒子性」の、いずれをも有する〝モノ〟が「量子」と呼ばれています。電子の他に、陽子や中性子も「量子」です。原子は、「量子」から構成されているといってよいでしょう。光子や電子は「量子」ですが、野球のボールは量子ではありません。「量子」はまた、一つ、二つ、……、と飛び飛びに数えられるものも意味しています。これら「量子」の挙動を理論化したものが「量子力学」です。

運動量

粒子性の特徴である「運動量」について、もう一段ていねいに解説しておきます。Aという粒子がある速度で走っており、別のBという粒子が静止しているものとします。粒子Aは粒子Bに衝突し、粒子Bは衝突の際に走ってきた粒子Aに突き飛ばされます。粒子Aが粒子Bを「突き飛ばす能力」を、走ってきた粒子Aの「運動量」と呼びます。

ゆっくり走って来る自転車と疾走して来るダンプカーとを思い浮かべれば、粒子Aの速度が大きいほど、また質量が大きいほど（重いほど）、粒子Aの突き飛ばす能力＝運動量が大きくなることは容易に理解できますね。つまり、運動量は粒子の質量と速度の積で表されます。質量mキログラムの粒子が速度vメートル／秒で走っているときの運動量はmvです。また、運動量そのものは慣例としてpで表します。したがって運動量$p=mv$です。粒子Aの運動量と粒子Bの運動量の和（ベクトル和）は、「運動量保存の法則」によって衝突前後で変化しません。

不確定性原理の誕生

いよいよ不確定性原理の登場ですが、すべての量子は不確定性原理に従う結果、絶対に静止することがありません（原子内の電子は決して静止することはありません）。つまり、たとえ絶対ゼロ度の環境下にあっても、量子はたえず振動しているのです。これを「ゼロ点振動」といいます。

また、すべての量子はきわめて短い時間の間（たとえば10億分の1秒とか）だけ、エネルギー保存の法則を破ります。エネルギーを保存しないということは、その短い時間間隔に粒子（量子）が「無」から発生することを意味しています。この超短時間の間に発生・消滅を繰り返すのが「仮想粒子」でした。

ドイツのヴェルナー・ハイゼンベルク（１９０１〜76）の研究グループは１９２５年頃、「行列力学」というきわめて抽象的な理論を使って「量子力学」を築き上げました。ハイゼンベルクが弱冠23歳のときです。「不確定性原理」はそこから生じたもので、量子力学の要《かなめ》の一つになっています。いや、不確定性原理こそ、量子力学そのものであるといっていいかもしれません。

不確定性原理のふしぎさは、誰にも理解できるごくあたり前の感覚が裏切られる点にあります。たとえば、二つの数の掛け算で掛ける順序を変えても、答えはまったく変わりませんね（２

×5＝5×2など）。ところが、ハイゼンベルクの行列力学からは、ＡとＢの積ＡＢが、ＢとＡの積ＢＡに等しくならないことが示されるのです。つまり、ＡＢ≠ＢＡになるというのですが、いったいどういうことでしょうか？

　Ａという物理量を先に測定し、続いてＢという物理量を測定して両者を掛け合わせることで、ＡＢが得られます。こんどは、測定順序を変えて先にＢという物理量を測定し、次いでＡという物理量を測定して両者を掛け合わせると、ＢＡが得られます。この二つの結果、ＡＢとＢＡが等しくない――こんなふしぎな現象が、量子力学では生じるのです。

　このＡＢ≠ＢＡから誕生した不確定性原理こそ、発生源のない真空のエネルギーを暴くカギとなるのです。ハイゼンベルクとともに行列力学を研究したマックス・ボルン（1882〜1970）は、この不確定性原理が出てきたときのことを「驚きました。まさかこんな理論が出てくるなんて夢にも思わず、本当に感動しました」と語っています。

　実は不確定性原理には、「粒子（量子）の位置とその運動量」に関するものと、「粒子（量子）のエネルギーと時間」との間のものと、二つの存在があることがわかっています。不確定性原理において、「位置と運動量」と「エネルギーと時間」がそれぞれなぜペアになるのかに関しては、それ相応のきちんとした理由があるのですが、その説明は割愛します。

　ハイゼンベルクらの研究と時を同じくして、オーストリアのエルヴィン・シュレーディンガー

（１８８７～１９６１）が量子に対する「波動方程式」を完成させ、ハイゼンベルクとはまったく別の観点から「量子力学」を築き上げました。ハイゼンベルクの「行列力学」に対し、シュレーディンガーの「波動力学」と呼ばれていますが、すぐに二つの量子力学はまったく同じ理論であることが判明しました。

しかし、抽象的なハイゼンベルクの行列力学とは対照的に、シュレーディンガーの量子力学は直接量子の波動性を扱うために理解しやすく、物理学専攻の学生はまず最初にシュレーディンガーの量子力学を学びます。シュレーディンガーの量子力学からも「不確定性原理」が出てきますので、この本ではシュレーディンガーの量子力学に基づく「不確定性原理」を説明します。

位置も運動量も本質的に決められない

大きな水たまり（あるいはスイミング・プール）のど真ん中に石を落とすと、そこから同心円状の波が外側に向かって水面上を伝播していきます。このように、「波」というものは決して１点に留まることはありません。この波の広がりの性質こそが、真空のエネルギーを暴き出すカギになることを覚えておいてください。

まず、位置と運動量に関する不確定性原理から説明しましょう。

〝量子〟と称されるほど小さな粒子に対しては量子力学しか適用できず、そのような粒子は波としてもふるまいます。波は「空間の1点」に存在することはできず、必ず「ある広がり」をもって存在します。したがって、量子においては「粒子がどこそこの1点に存在する」とはいえなくなります。量子であるがゆえに、粒子の存在位置にあやふやさが出てきてしまうのです。「その粒子は大体この位置からあの位置までの範囲内に存在するが、ハッキリ特定できない」ということです。

注意していただきたいのは、粒子があまりにも小さすぎる結果、その位置決定に技術的困難が伴って位置にあやふやさが出るわけではなく、測定技術にまったく関係なく、粒子の位置は本質的に正確に決定することができないということです。これが、粒子の「位置の不確定性さ（あやふやさ）」です。

一方、粒子というものは運動できます。ある速度をもって動くことができます。粒子の運動の強さ＝「運動量」は、その粒子の速度と質量の積で表されるのでした。少し難しい表現になりますが、数学に「フーリエ変換」という操作があり、粒子の位置の不確定性さをフーリエ変換すると、その粒子の運動量も波のように表されるようになります。

波は広がりをもつため、運動量にも不確定性さが現れるのです。運動量の不確定性さは、そのまま粒子の速度の不確定性さになります。たとえば、ある粒子の運動速度が目安として秒速20～60センチメートルの範囲内にあることはわかるけれど、キチッとした一つの値としての速度は本質的に決定できないということです。これが、粒子の「運動量の不確定性さ」です。

もう一つ重要なこととして、「粒子の位置の不確定性さ」と「その粒子の運動量の不確定性さ」との積は一定であることが理論から導かれるのです。しかも、そこにはあのおなじみの定数が登場します。

「位置の不確定性さ」×「運動量の不確定性さ」＝h

そうです、プランクの定数hです。右辺がプランクの定数で一定不変であるということは、「位置の不確定性さ」と「運動量の不確定性さ」は互いに反比例の関係にあることになります。「位置の不確定性さ」が増大してあやふやになればなるほど、「運動量の不確定性さ」は逆に減少し、より確定値に近づくことになります（その逆も成り立ちます）。

これが、「位置」と「運動量」の間に成り立つ不確定性原理です。粒子の「波動性」のために、その位置と運動量（速度）は同時に正確に知ることができないことを示しています。「位置のあやふやさ」と「運動量のあやふやさ」は同時に起こり、「位置がハッキリわかっているのに、運動量（速度）はハッキリしない」というようなことはありえません。逆に、「運動量が確定していて位置があやふや」ということも起こりえないのです。どちらも不確定なのです。

ところで、プランクの定数h＝６・６２６×10^{-34}Ｊ・ｓでした。小数点以下にゼロが33個も並ぶ10^{-34}という桁数は、私たちの感覚をはるかに超えた小さな値です。人間の感覚ではゼロに等しいといえるでしょう。他方、〝電子〟の質量はどうでしょうか？

電子の質量＝9・1×10^{-31}キログラム

これまたとてつもなく小さな値です。運動量は「質量と速度の積」ですから、仮に電子の速度が秒速1万キロメートルとしても、質量が極端に小さいために電子の運動量はまだ相当に小さな値に留まります。電子の〝感覚〟からすると、プランクの定数hは決して小さな値ではないのです。「量子」に分類されるほど小さな粒子に、「位置の不確定性さ」と「運動量の不確定性さ」が必ず同時に現れるのはそのためです。

電子は止まれない

具体例として水素原子を取り上げてみましょう。水素原子の中心には陽子があり、そのまわりを1個の電子が回っています。水素原子の直径は大雑把に1億分の1センチメートルほどです。電子、陽子、水素原子のいずれも量子として扱われるので、水素原子全体は「不確定性原理」に従います。電子は、水素原子内のどこかにいることはわかっていますが、正確にどこにいるかは確定できません。わかるのは直径1億分の1センチメートル以内のどこかにいるということで、電子の位置の不確定性さ（あやふやさ）は1億分の1センチメートルということになります。

同時に、不確定性原理に従って電子の運動量（速度）にも不確定性さが現れます。完全静止状態の速度は、正確にゼロです。速度が正確にゼロのときは、運動量も正確にゼロです。「正確にゼロ」ということは「確定値」です。運動量（速度）が正確にゼロということは運動量が確定していることになり、そこには「運動量の不確定性さ」はまったく存在しないことになります。

しかし、電子の位置に1億分の1センチメートルの不確定性さがあるために、電子にはあやふやさのまったくない、すなわち「確定値ゼロの運動量」をもつことは許されません。水素原子内での位置が確定されない以上、電子には静止する（運動量がゼロになる）ことは許されず、水素原子内でたえず動き回っていなければならなくなるのです。

一方、人間の感覚に訴えることのできるような大きさの質量をもつ野球のボールやバスケットボールなどに量子力学を適用すると、波長はボールの直径よりも桁外れに小さく出てきます。そんな短い波長をもつ波を、人間が波として観測することは不可能です。したがって、日常生活において肉眼でハッキリと見えるような物体には、不確定性原理の効果は現れません。当然ながら、野球のボールを完全静止（運動量の不確定性さがゼロ）させることは容易に可能です。

不確定性原理の効果がまともに現れる量子が、絶対ゼロ度の完全真空内に置かれた場合にはどうなるのでしょうか？　量子は、絶対ゼロ度であっても完全静止することはありません。ならば、一定速度で動き続けるのかというと、それも違います。「一定速度」もまた確定した速度ですから、一定速度の運動量に不確定性さ（あやふやさ）が入り込む余地はないからです。

したがって、絶対ゼロ度における量子の速度にはムラがあり、速度はときに大きくなったり小さくなったり、あるいは一時的に停止したりするような運動をしています。このような運動の代表例が「振動」です。つまり量子は、絶対ゼロ度においても永久に振動を続けており、これが「ゼロ点振動」の正体なのです。

あらゆる量子の行動を律する不確定性原理の効果によって、絶対ゼロ度（つまり熱の存在しない）環境下でも、永遠に止められぬ振動を続ける粒子たち――ゼロ点振動が描き出す量子の姿は、少しうら寂しいものかもしれません。

しかし、このゼロ点振動こそ、真空をざわめかせる賑やかな存在なのです。

「物質のエネルギー化」と「エネルギーの物質化」

ここに、アインシュタインの最も有名な数式である$E=mc^2$をどうしても登場させなければなりません。この式は、質量mキログラムの物質は１００％エネルギーに変換されうることを示し、同時に、純粋なエネルギー（たとえば電磁波エネルギー）は１００％物質（質量）に変換されうることを示しています。

原子爆弾のエネルギーは、ウランやプルトニウムといった物質の質量の一部が１００％熱や光線、爆風や放射線などのエネルギーに変換されたものです。そのエネルギーのすさまじさは悲し

図２－１

電子対創生の図（エネルギーの物質化）

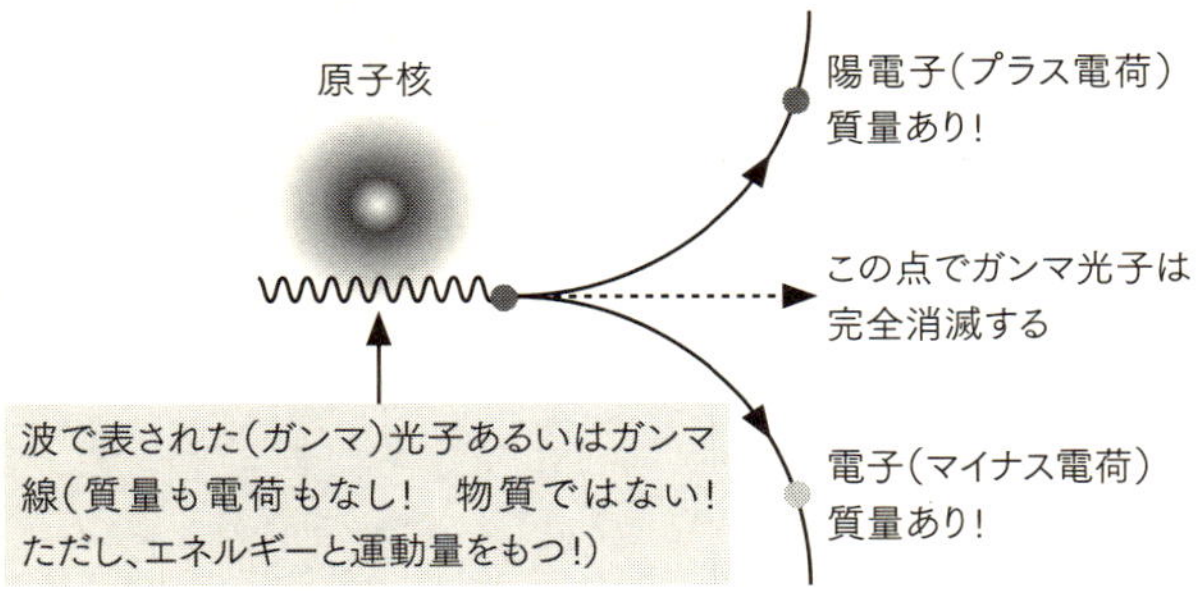

波を打っているのはガンマ線という電磁波であるが、量子化（粒子化）されたガンマ線はガンマ光子（粒子）となる

い歴史が証明しているとおりですが、他方、そのまったく逆の現象として「電子対創生」があります（図２－１）。

光子は質量も電荷ももっていませんが、エネルギーと運動量をもっています。つまり光子は、物質粒子ではないけれどもエネルギーの塊のような存在なのです。前述のとおり、光子1個のもつエネルギーは$h\nu$で表され、光（電磁波）の振動数νに比例します。電磁波の一つに、振動数の非常に高い（νの値が大きい）「ガンマ線」があります。電磁波である以上、ガンマ線も粒子（光子）としてふるまうことがあり、特に「ガンマ光子」と呼ばれます。振動数が高いということは、個々のガンマ光子のエネルギーが大きいことを意味します。

ガンマ光子は、$E=mc^2$を通して質量をも

光速度

$$c = 299\,792\,458\ \mathrm{m/s} \approx 3 \times 10^{8}\ \mathrm{m/s}$$

つ物質粒子に変換されます。エネルギーの大きなガンマ光子1個が原子核の近傍を通過する際、光子は跡形もなく完全に消滅して、そこに質量をもつ「電子－陽電子」対が現れます（図2－1）。質量のない光子が質量をもつ物質粒子に変わるのです。この現象が起こるためには、光子は最低限、電子と陽電子の質量を作り出す程度のエネルギーをもっていなければなりません。私たちの目に感じる範囲の可視光線程度では、エネルギーが小さすぎて電子対創生は発生しないのです。

電子対創生は、物質ではない光子のもつエネルギーが$E=mc^2$を通して物質化し、二つの物質粒子に変化したことを意味しています。原子爆弾は「物質のエネルギー化」ですが、電子対創生はその逆の「エネルギー（光）の物質化」なのです。

ここで大いに注意しなければならないことは、原子爆弾に代表される物質のエネルギー化も、電子対創生に代表されるエネルギーの物質化も、すべて「実粒子」に対するものであって、仮想粒子に対するものではないということです。したがって、エネルギーは完全に保存されています。

ところで、$E=mc^2$中のcは「光速度」を表しています。しかし、$E=mc^2$中ではcは2乗

式2－2

$$c^2 = (3 \times 10^8 \mathrm{m/s})^2 = 9 \times 10^{16} \mathrm{m^2/s^2} \approx 10^{17} \mathrm{m^2/s^2}$$

1の後にゼロが17個続く

されており、その値は、式2－2に示すようにとてつもなく大きな値になります。エネルギーは質量の10^{17}倍となって現れるというのですから、ほんの少しの質量がエネルギーに変換されただけで、大きなエネルギーとなって現れることを意味しています。だからこそ、たった1発の原子爆弾が瞬時に大都市を壊滅させることができるほどのエネルギーを生み出すのです。

$E = mc^2$という式からは、質量mキログラムの粒子がじっと静止していてもエネルギーを秘めていることが示されています。これを「静止エネルギー」といいます。

「エネルギー保存の法則」を打ち破る不確定性原理

エネルギーを測定するには、それ相応の時間がかかります。より正確にエネルギーを測定しようと思えば、それだけ長く時間を費やさなければなりません。つまり、エネルギーをどれだけ正確に測定できるかは、「測定時間の長さ」に関係してきます。測定時間が短いほどエネルギーの値はあやふやになり、長いほどエネルギーはより確定値に近づきます。

すなわち、「エネルギーの不確定性さ」と「測定時間の長さ」はお互いに反比例し、ここにエネルギーと時間の間に成り立つ、第二の「不確定性原理」が登場するのです。

量子力学では、エネルギーや運動量などの「物理量」は数学的な「演算子」として表すことができます。ところが、「時間」には形も重さも色も大きさもないため、「時間」を見ることはできず、物理量とは見なされません。時間は「概念量」ということになります。この世からすべての時計を取り去って、時刻を指し示すものが一切なくなっても時間は存在します。したがって、時間は演算子に置き換えることができないのです。

さらに、「時間間隔」には（「時間」ではなく！）、少なくとも原理的には何のあやふやさもありません。現在のナノテクノロジーを使えば、時間間隔は相当正確に測定できます。ですから、この本では「時間の不確定性さ」ではなく単に「時間間隔」と呼ぶことにします。すると「エネルギー」と「時間」の間の不確定性原理は次のように表されます。

「エネルギーの不確定性さ」×「時間間隔」＝h

もうおなじみの右辺のhは、もちろんプランクの定数で一定値です。

「エネルギーの不確定性さ」（エネルギーの値のあやふやさ）とは、エネルギーの値が正確な一定値には定まらず、ある幅をもつということです。エネルギーの単位は「ジュール」ですので、たとえば不確定の幅が５ジュールだとすると、エネルギーの値が１００～１０５ジュールの間にある、あるいは0〜5ジュールの間にあることを意味します。

しかし、不確定性原理によって、「エネルギーの不確定性さ」（エネルギーの取りうる値の幅）と「時間間隔」は互いに反比例する関係にあります。時間間隔が長いほどエネルギーの値の幅が狭くなり、不確定性さが小さくなってより正確なエネルギー値に近づきます。逆に時間間隔が短くなると、エネルギー値の幅が大きくなってエネルギーの不確定性さがより大きくなり、エネルギーの値がますますあやふやになってしまいます。

そこでいま、エネルギーのあやふやさの度合い、すなわちエネルギー幅をΔEと書きます。たとえば、エネルギー幅の最低値が0で、最高値がEである場合のエネルギー幅（ΔE）は、$\Delta E = E - 0$と書け、$\Delta E = E$となって、エネルギー幅の最高値そのものがエネルギーの不確定性さになります。

エネルギーの値が定まらず、幅があるということは、「不確定性原理」が許す範囲内でエネルギーが保存されないことを意味します。不確定性原理に従う「時間間隔」内ではエネルギーが保存されず、エネルギーはその最低値0から最高値Eの幅に収まるどんな値でも取りうるということです。ここに「発生源のないエネルギー」が存在しうる秘密が隠されています。

時間間隔が短ければ短いほどエネルギー幅は大きくなり、取りうるエネルギーの最高値Eも大きくなります。逆に、時間間隔が長くなるほどエネルギー幅は小さくなり、取りうるエネルギーの最高値Eは小さくなります。
「不確定性原理に従う『時間間隔』内であれば、どんな値のエネルギーも現れる」ということは、その時間間隔内であれば「無」、すなわち完全なる真空からエネルギーが放出されることを意味します。無（真空）からエネルギーが生じることは、完全に「エネルギー保存の法則」に違反しますが、不確定性原理が許す時間間隔内ではエネルギー保存の法則を破って無からエネルギーが生じうるのです。

$E=mc^2$によれば、エネルギーEは質量mに等価（すなわち、エネルギーは物質化する）ですから、真空から出たエネルギーは「質量をもつ粒子」に置き換えられることになります。つまり、真空から粒子が〝湧き出る〟のです。しかし、真空から湧き出た粒子が〝生存〟できるのは、不確定性原理によって許されるごくわずかな時間間隔の間だけですから、たちどころに元の真空に戻って消滅してしまいます。

第1章で、「真空はお金がなくとも、きわめて短期間だけお金を貸す銀行のような存在」だとご紹介しました。そのたとえでいえば、「きわめて短期間」の〝返済猶予〟が、不確定性原理が許す時間間隔内ということなのです。その返済猶予の間だけ、粒子は真空から〝湧き出る〟のですが、きわめて短い期限のうちにエネルギーを真空に返さねばならないために、あっという間に消滅してしまいます。不確定性原理に従って、真空は時間間隔が短いほど大きなエネルギーを貸してくれるので、超短時間の時間間隔なら質量の大きな（重い）粒子が湧き出ます。逆に、時間間隔が長くなるほど、真空から湧き出る粒子の質量は小さい（軽い）のです。

ところがです！　すでに紹介したように、光子はエネルギーはもっていますが、質量をもっていません。電磁波が粒子化（量子化）した姿である光子に対しては、$E=mc^2$が成り立たないのです。このため、質量をもつ粒子に比べ、光子は真空から飛び出しやすいのですが、不確定性原理の許す時間間隔内にふたたび真空に戻り、消滅してしまう点では変わりません。

場と粒子の関係

月は、地球の引力に引っ張られながら地球のまわりを回っています。正確にいえば、月も同時にまったく同じ力で地球を引っ張っているのですが（作用‐反作用の法則）、月の質量が地球のそれよりはるかに小さいために、月のほうが地球のまわりを回ることになるのです。

引力は、空間（真空）を通して作用します。地球の質量も月の質量も、その周囲全体の空間に「重力場」という「場」を作り出します。月も地球も、相手が空間に作り出した重力場に〝どっぷりと〟浸《つ》かっており、互いにその重力場に反応することによって引力を感じ合うのです。

また、電荷をもつ粒子は、その周囲の空間に「電場」という「場」を作り出します。電子はマイナスの電荷をもっていますが、二つの電子の間には空間を通して電気反発力が働きます。それぞれの電子の電荷がその周囲の空間に電場を作り出し、各電子はお互いに相手の電子による電場に浸かっているために、電場との反応から電気力が生ずるのです。

磁石のまわりの全空間には「磁場」が発生します。磁場は電荷の運動から生じるものなので、ともに電荷に端を発する電場と総称して「電磁場」と呼ばれています。電磁場は電荷をもつ粒子に力を与えますが、電磁場そのものは物質ではありません。同じことが重力場についてもいえます。

大事なことは、「場」は物質ではないということです。「場」が物質でないということは、場が存在しても、真空が真空であることに変わりはないということです！

ところで、「完全に静止した、まったく静かな場」は存在しません。53ページで紹介した「ゼロ点振動」が場の中を伝播する結果として、場に「さざ波」が立つからです。ただし、この場に起きている「さざ波」は観測することができません。波を量子化すると「粒子」になりますが、そのような粒子は観測できるほど長生きできないからです。さざ波が量子化された「量子」は仮想粒子です。この仮想粒子こそが、真空を通して力を運ぶ役目をはたすのです。

たとえば、二つの電子がある空間を隔てて固定されて置かれている場合、それぞれの電子はそのまわりに電磁場（この場合は電場だけですが）を発生させるので、電子同士は互いに相手の電子が作り出した電場と反応することによって力を受けます。この場合、「電場」は仮想光子に置き換えられ、二つの電子は仮想光子を交換することによって力を受けるのです。仮想光子はエネルギー保存の法則を破って、電子から発生したり電子に吸収されたりします。

このような話をすると、「さては『場』もまた、仮想の存在なのではないか？」という疑問の声が聞こえてきそうです。期待を裏切って申し訳ありませんが、「場」は「仮想の場」ではなく「実の場」であって、実験的にその存在を確かめることができるのです。

空気が存在しないと仮定すると、地上で物体が落下する際には、落下しながらその物体は加速されます。地上の空間に「重力場」が存在（実在！）しているからです。また、二つの異なる物体をこすり合わせると静電気が発生しますが、静電気が発生した物体を頭の上の空間に置くと、接触させなくても数本の髪の毛がその物体に引っ張られます。下敷きなどを使って、「髪の毛を立たせる」遊びは誰でも経験したことがあるでしょう。空間に電場が発生しているために起こる現象であり、これもまた電場の実在を証明しています。

繰り返しになりますが、場は実在してはいても、物質ではありません。二つの粒子が実在する「場」を通して相互作用する際に、その場が「仮想粒子」に置き換えられるのです。仮想粒子を交換することによって、二つの粒子は相互作用を起こすのです。

そのような「場」に対して、外部から何らかの刺激（エネルギー）を与えることによって揺さぶってやる（大きく振動させる）と、場の振動は量子力学によってたくさんの「粒子」に置き換えられます。このような粒子は仮想粒子ではなく、実際に観測しうる「実粒子」です。電磁場を振動させると電磁場は電磁波となり、「実の光子」、すなわち実際に観測しうる光子の集団に置き換えられます。

場を振動させただけで「実の光子」が生まれるなんて、ありえないとお考えでしょうか？　ところがこの現象は、すでに実用化もされているのです。たとえば、センサーなどに応用されている、光の信号を電気信号に変える「光電効果」は、実の光子によるものであって仮想光子によるものではありません。ほんのわずかの時間しか生存できない仮想光子が、センサーを作動できるはずがないのです！

光子は質量がゼロであるのと同時に、エネルギーが小さいために、少しのエネルギーを与えただけで電磁場は簡単に振動し、その振動が光子となって私たちの目の前に現れます。電磁場は振動させやすく、光子は容易に生じさせられるということですね。ところが、この世界には簡単には振動してくれない「場」も存在します。

その一つが、第6章に登場する「ヒッグス場」です。ヒッグス場もまた、真空を埋め尽くしている「実の場」です。真空の狭い領域に巨大なエネルギーを注ぎ込み、ヒッグス場を大きく揺さぶって振動させると、その振動は波になり、こんどはその波が量子化されて「実の粒子」となって現れます。この粒子が「ヒッグス粒子」と呼ばれるものですが、ヒッグス粒子は仮想粒子ではないにもかかわらず、きわめて不安定で、他の種類の粒子（たとえば光子）に短い時間で姿を変えてしまいます。

原子核を構成する陽子や中性子よりもはるかに重い（質量が大きい）ために、ヒッグス粒子を空間に叩き出すためには、宇宙創成当時の真空のエネルギーと同程度の巨大なエネルギーを、真空の狭い領域に注入しなければなりません。電磁場とは異なり、ヒッグス場は容易には振動しないのです。

真空から粒子を叩き出す！

一見〝空っぽ〟の真空から、新たな粒子を生み出す方法は「場」を振動させるだけではありません。内部構造をもたない粒子とその反粒子（たとえば電子と陽電子）を、互いに反対方向に光速度に近いような速度になるまで加速して正面衝突させると、二つの粒子はその衝突地点で完全消滅し、そこに巨大なエネルギーをもつ１個の仮想光子がつかの間だけ現れます。観測不可能なこの光子の巨大なエネルギーは、即座にさまざまな「粒子－反粒子」のペアへと変化します。

真空中に幽霊のように出没していた仮想の「粒子－反粒子」対が外部からの衝突によるエネルギーをもらい受けた結果、実の「粒子－反粒子」対となって私たちの前に姿を現すのです。このように、真空から粒子を叩き出すための実験装置を「コライダー（衝突型粒子加速装置）」と呼びます。

図2－2

電子対消滅の図(二つの「実の光子」が発生する)

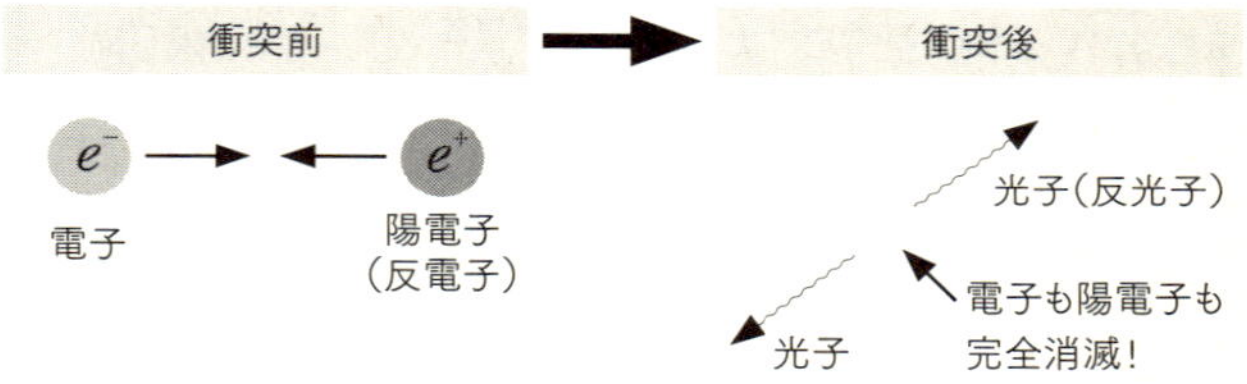

電子と陽電子(反電子)がぶつかると二つとも完全消滅し、そこに二つの「実の光子」(光子と反光子)が現れる。これは図2－1の「電子対創生」とちょうど逆の現象

一般に、実の電子と実の陽電子が正面衝突すると、「粒子－反粒子」の関係にある二つの粒子は消滅します。これを「電子対消滅」といいます。この結果、「エネルギーと運動量保存の法則」に従って、二つの光子がお互いに反対方向にすっ飛んでいきます（図2－2）。この場合の光子は、観測しうる実の光子です。

ところが、コライダーを使って電子と陽電子が光速にきわめて近いような速度にまで加速され、大きなエネルギーを得て衝突した場合には、電子と陽電子は消滅し、そこに瞬間的に静止した1個の仮想光子が現れます。その光子のもつエネルギーが真空を刺激し、$E=mc^2$を通して質量に変換されて「電子－陽電子」とは異なる、質量のより大きい新たな「粒子－反粒子」が生成されてお互いに反対方向に飛び出していきます（図2－3）。

新たに生まれる「粒子－反粒子」の対は、なぜペア

図2−3

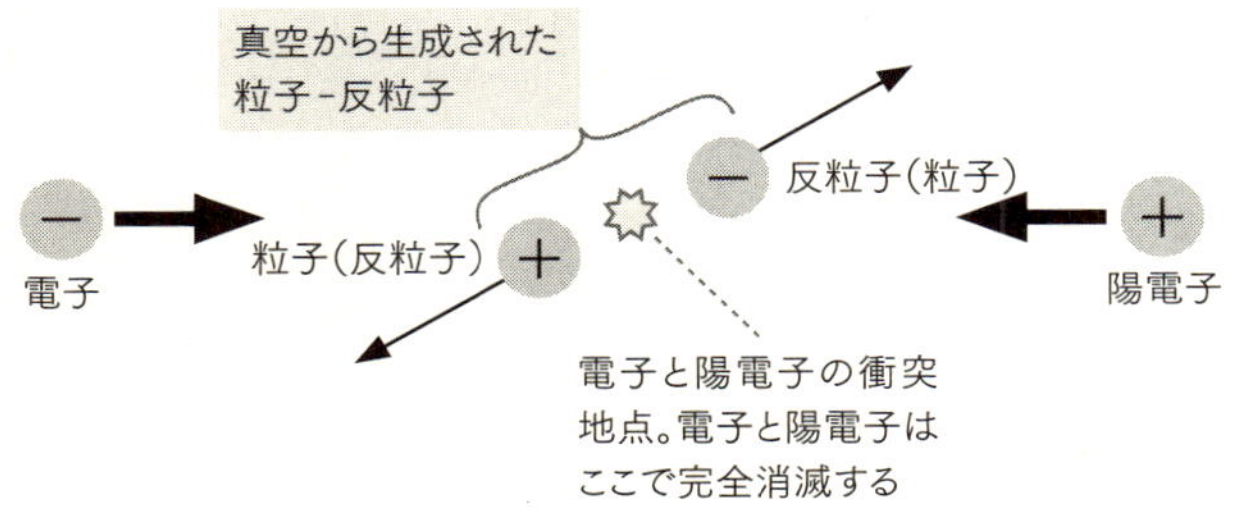

（衝突地点につかの間だけ１個の静止状態の仮想光子が発生するが、それは省かれている）

で生まれ、互いに反対方向に飛び出していかなければならないのでしょうか？　そこには、「電荷」と「運動量」という二つの物理量が保存されなくてはならないという物理学の掟が関わっています。

まずは電荷です。粒子とその反粒子はまったく同じ粒子ですが、電荷の符号だけがお互いに逆になっています。あらゆる「粒子－反粒子」対において、一方の電荷はプラスで他方はマイナスです。衝突前の二つの粒子も「粒子－反粒子」対ですから、その全電荷はゼロになっています。電荷保存の法則に従って、衝突後の全電荷もゼロにならなければならず、そのために電荷の合計がゼロとなる「粒子－反粒子」のペアが生成されなければならないのです。

このような理由からペアとして生まれた「粒子－反粒子」対が、互いに反対方向に飛び出さなければならない理由の背景には、「運動量保存の法則」が控えています。衝突前の電子と陽電子の運動方向が逆向きで、互いに近づくように加速されていたために、衝突後に新しく生成された「粒子－反粒子」対もまた、互いに反対方向に走らねばならないのです。

また、衝突後に現れる新しい「粒子－反粒子」対の質量は、衝突前のペアに比べて増加しています。衝突前の「電子－陽電子」対が光速近くまで加速された結果、衝突直前に大きな運動エネルギーを得ているからです。そのエネルギーは新たに生まれた「粒子－反粒子」対の質量に変換されることに加え、互いに反対方向にすっ飛んでいく運動エネルギーとしても費やされます。

電子と陽電子だけでなく、原子核の構成要員である陽子（プラス電荷）と反陽子（マイナス電荷）を互いに反対方向に加速して正面衝突させても、同じことが起きます。陽子の質量は電子のそれの２０００倍近くもあるため、「陽子－反陽子」が正面衝突して消滅すると「電子－陽電子」の衝突消滅時よりも一段と大きなエネルギーが現れます。その大きなエネルギーが、$E=mc^2$を通してさらに重い「粒子－反粒子」のペアを生じさせるのです。

コライダーにはいくつかの種類がありますが、最も有名かつ最も大がかりなのが、スイスのジュネーヴ郊外にあるＣＥＲＮ《セルン》（欧州原子核研究機構）が建設した「ＬＨＣ」（大型ハドロン衝突型加速器）と呼ばれる巨大な円形コライダーです。ＬＨＣでは陽子－反陽子のペアではなく、陽子同士を互いに反対方向に加速して衝突させています。

電子やクォークなどのすべての素粒子（内部構造をもたない粒子）は、宇宙創成時には質量をもっていなかったのですが、先に登場した「ヒッグス場」を通して質量を獲得したとされています。詳しくは第6章にゆだねますが、ＣＥＲＮは２０１２年7月4日、ＬＨＣを使った実験で、このヒッグス場に対応するヒッグス粒子と見られる粒子を検出したと発表しました。

ＬＨＣが検出したような「ヒッグス粒子」と呼ばれる粒子は、現在の宇宙には存在しません。しかし「ヒッグス場」は今もなお、私たちの周囲の空間を埋め尽くしています。

１３７億年前に誕生した直後の宇宙初期の真空のエネルギーは、とてつもなく大きかったと考えられています。真空のエネルギーが大きかったために、「ヒッグス粒子」は空間に現れていたに違いありません。しかし、現在の宇宙はすっかり冷え切ってしまっており、普通の状態ではヒッグス粒子を観測することはできません。

　宇宙初期の真空のエネルギーに匹敵するようなエネルギーを、集中的にごく狭い真空領域に注ぎ込んでやれば、その狭い空間は、一瞬とはいえ１３７億年前の宇宙空間と同じように高エネルギー状態になり、さまざまな粒子が生成されます（図２－４）。その中に、ヒッグス粒

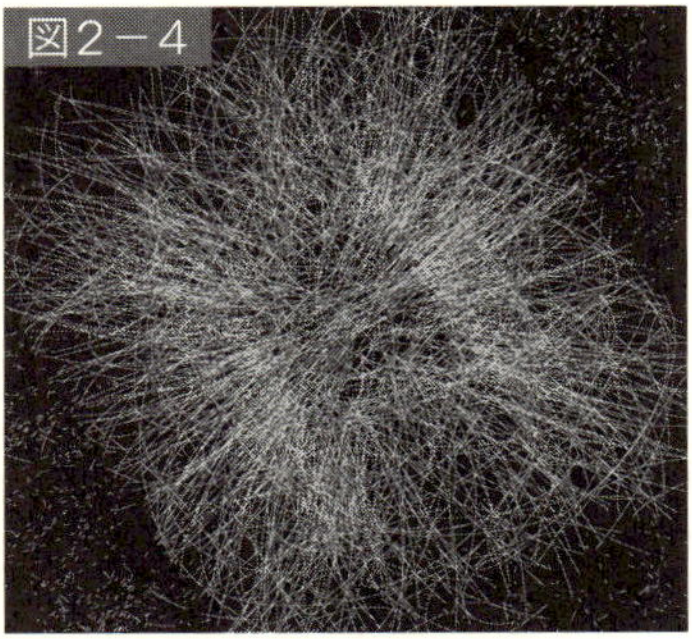

図2－4

コライダーの衝突地点から発生する数々の粒子（©CERN）

子が現れる可能性が出てくるのです。ＬＨＣではそのような状態を作り出すことを目指して、二つの陽子ビームを互いに反対方向に、光速度に近いレベルまで加速して正面衝突させました。

湯川博士の中間子を叩き出せ

コライダーを使って真空から叩き出すことのできる粒子の一つに、日本人初のノーベル賞受賞者である湯川秀樹博士（１９０７〜81）がその存在を予言した「中間子」があります。中間子とは何でしょうか？　中間子を知るためには、まず原子の構造を知る必要があります。

どんな原子も、その内部構造は同じです。中心に原子核があって、原子核のまわりにいくつかの電子が回っています（図２－５）。原子核の内部では、複数の陽子と複数の中性子がくっつかんばかりに強固に結びつけられています。陽子と中性子を結びつける力を「核力」といいます。核力は引力です。原子核内の陽子同士の間に強い電気反発力が働いているために、核力を想定しないかぎり、原子核はその構成要素である陽子や中性子（総称して「核子」と呼びます）にバラバラに壊れてしまいます。

湯川博士は、「核力」の存在がまったく知られていなかった時代に、自ら予言した「新粒子」が陽子や中性子の間を往来することで「核力」を生み出すと考えました。この新粒子は、陽子と電子の中間の質量をもっていることから「中間子」と命名され、のちに「パイオン」と呼ばれる

図2－5

原子、原子核、陽子、中性子、クォーク。
この図には「パイオン」は描かれていない

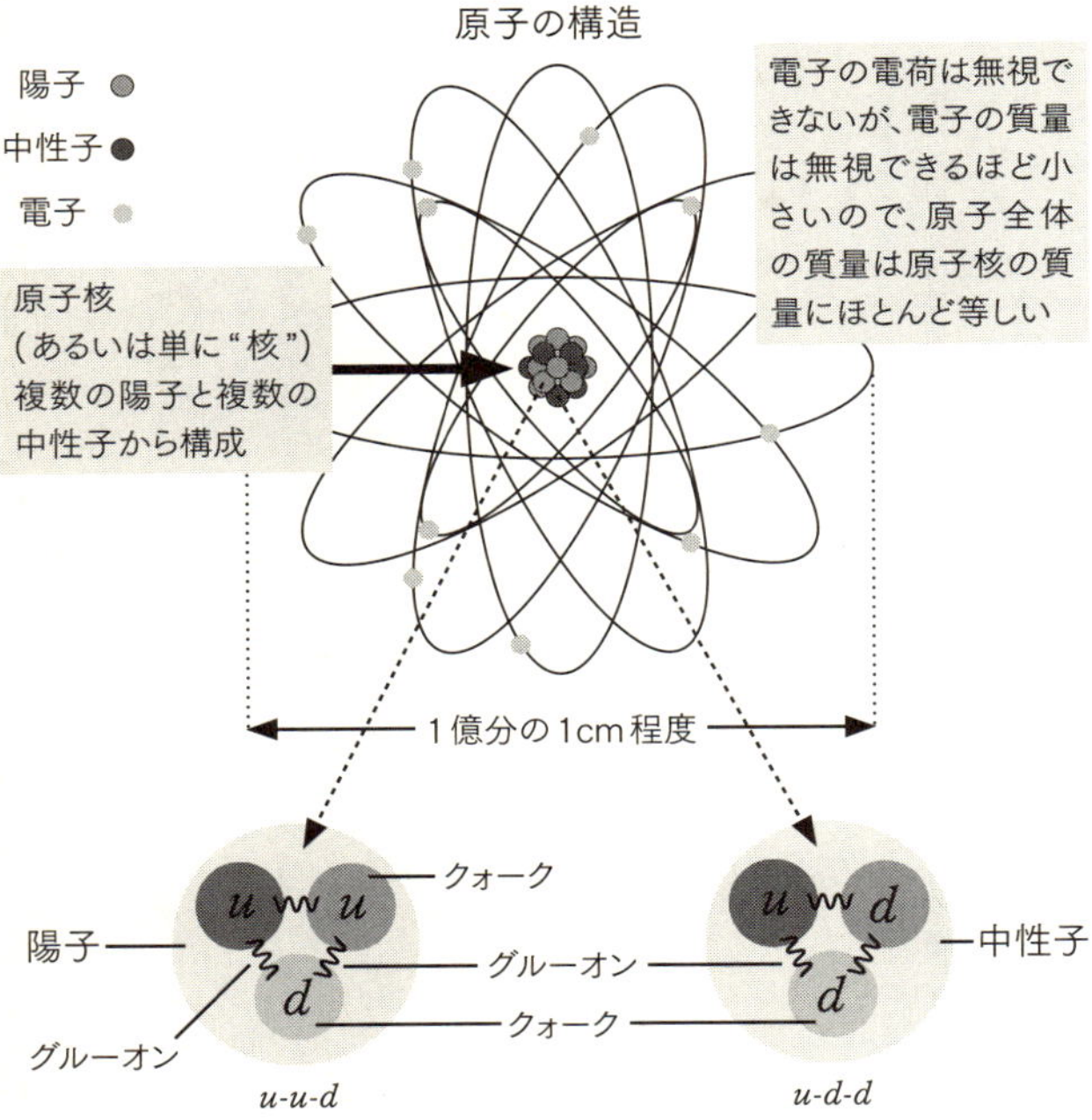

原子核を構成している陽子も中性子も、それぞれ三つのクォークから構成されている
uはアップクォーク→uクォーク→単にuと表示する
dはダウンクォーク→dクォーク →単にdと表示する
バネ状の線は「強い力」を伝達するグルーオンを表す。クォークもグルーオンも、赤、青、緑の「色荷」をもっている。この「色荷」が「強い力」のもとである。詳細は185ページ参照

ようになりました（180ページ図５－４参照）。パイオンは不確定性原理に従って原子核の中では仮想粒子となり、陽子や中性子の間を往来しています。名称こそ変わりましたが、湯川博士による、原子核の中で陽子や中性子を〝糊づけ〟する役目をはたす「中間子論」の発想は現在も生きています。コライダーを使うことで、この中間子を真空から叩き出すことが可能なのです。

　原子核の構成要素である陽子や中性子はさらなる内部構造をもち、いずれも「クォーク」と称する素粒子から構成されています。湯川博士が活躍した１９３０年代は、まだ「クォーク」が知られていない時代でしたが、〝湯川中間子〟であるパイオンはのちに、クォークと反クォークで構成されていることがわかりました。

　真空中には、仮想の「クォーク－反クォーク」対が出没しています。コライダーを使って陽子を加速させ、もう一つの陽子にぶつけてやると、その衝突地点に溜まったエネルギーから反応生成物である二つの「実のパイオン」が互いに反対方向に飛び出してきます。生成されたこの実のパイオンは、それまで真空中で仮想粒子であったクォークと反クォークが衝突エネルギーからエネルギーをもらって実のパイオンとなって現れたものです。中間子には、パイオンの他にもいくつか異なる種類がありますが、いずれもクォークと反クォークから構成されています。

図２－６

極端に拡大された中間子の構造

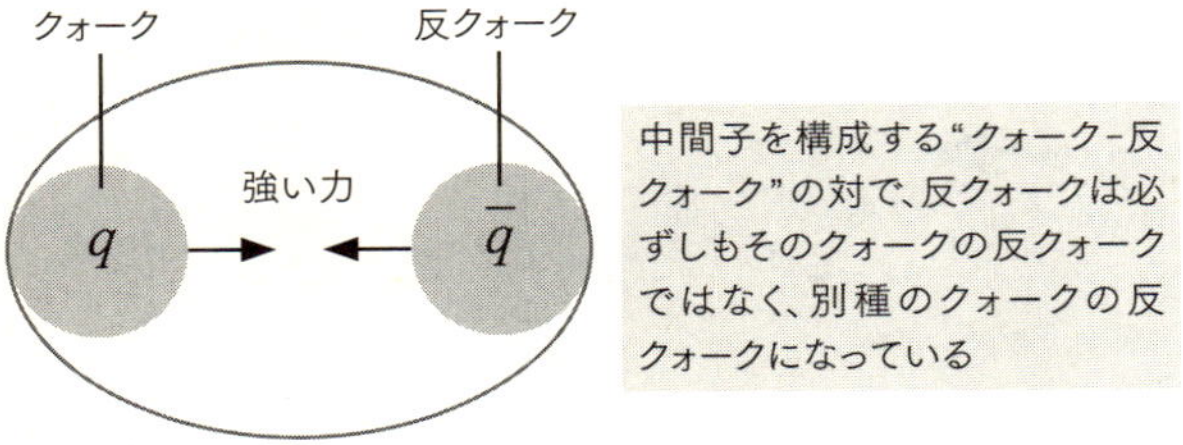

中間子を構成する"クォーク-反クォーク"の対で、反クォークは必ずしもそのクォークの反クォークではなく、別種のクォークの反クォークになっている

奇妙な「強い力」

陽子も中性子も中間子も、いずれもみな内部構造をもっており、クォークによって構成されています。クォーク自身は、内部構造のない素粒子です。クォーク同士の間にも引力が働き、この引力は「グルーオン」という粒子によって運ばれます（図２－５参照）。グルーオンによって運ばれる力は「強い力」と呼ばれています。

パイオンはクォークと反クォークから成り立っているので、両者をそれぞれq＝クォーク、$\bar{q}$＝反クォークと記号化すると、１個の中間子は図２－６のように描かれます。

真空には、仮想クォークや仮想反クォークもひんぱんに発生・消滅を繰り返しています。これら仮想クォークや仮想反クォークを真空から引っ張り出すためには、ふたたびコライダーの力を借りなければなりません。

電子とその反粒子である陽電子が互いに反対方向に加速さ

図2−7

衝突地点でどんな種類の「粒子−反粒子」のペアが発生するのかは確率的に決まり、最初の電子と陽電子がどれだけ加速されたかに依存する

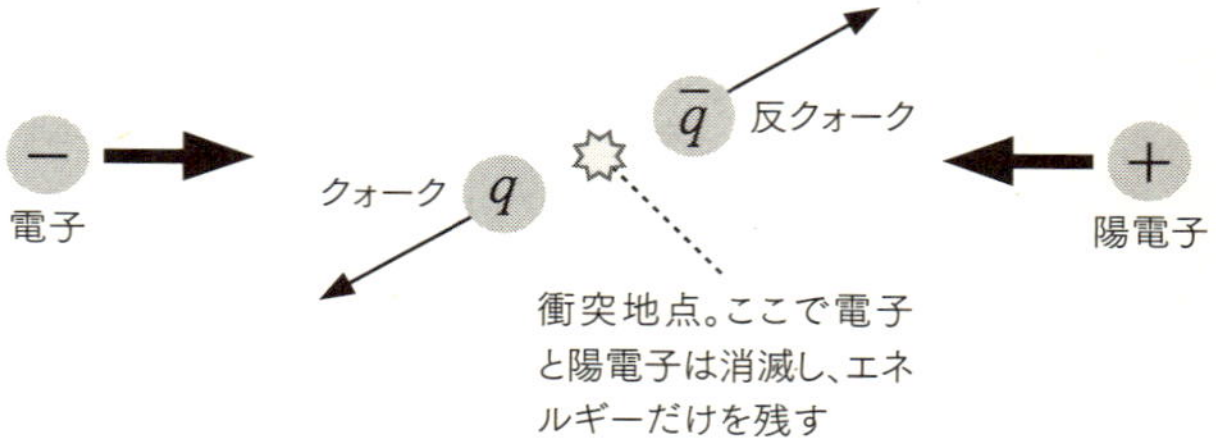

仮想クォークと仮想反クォークが実の「クォーク−反クォーク」となって真空から引っ張り出される

れ、十分な運動エネルギーを得てから衝突する状況を考えます。「電子−陽電子」の対が消滅する衝突地点からは、実の「クォーク−反クォーク」の対を生成させるほど大きなエネルギーが発生するものとしましょう。そのエネルギーが衝突地点の真空を刺激し、$E=mc^2$を経て、実のクォークと反クォークのペアとなって真空から引っ張り出されるのです！（図2−7）

このクォーク対が生成された直後には、クォークと反クォークの間に働く「強い力」のために両者の間は「紐《ひも》」で結びつけられるようになります。この紐は〝弾力性〟のある「強い力」を表すもので、つまり「強い力」は紐の張力（グルーオン場）に置き換えることができます。この強い引力によって結びつけられた「クォーク−反クォーク」は、図2−6のように中間子になります。

この「強い力」というのがまた、実に奇妙なふるま

いをします。クォークと反クォークが接近している間は二つを結びつける「強い力」はきわめて弱く、したがって二つを結びつけている紐はあたかも存在しないかのような状態にあります（あるいは、紐がたるんでいるような状態です）。逆に、二つのクォークが離れていくと「強い力」はかえって強くなっていき、紐の張力はそれだけ強まって二つのクォークが離れるのを抑え込もうとするのです。

考えてもみてください。たとえば磁力は、互いに接近した二つの磁石には強く働きますが、引き離せば引き離すほど、くっつける力が弱まっていきます。このように、距離に比例して弱まるのが、常識的な引力です。「強い力」は、この常識に真っ向から立ち向かって、近くでは弱く、離れるほど強く働く、実にふしぎな力なのです。

さて、「電子－陽電子」の衝突・消滅地点に局所的に発生したエネルギーは、そこに実のクォークと実の反クォークを生み出しますが、それでもなおエネルギーが余っており、その余剰分のエネルギーはクォークと反クォークをどんどん引き離そうとします。すると、二つのクォークの間に「紐」が発生し――すなわち、引力である「強い力」が発生し、クォークと反クォークが引き離されるのを抑え込もうとします。

ところが、衝突・消滅地点に発生したエネルギーが相当に大きいと、そのエネルギーは紐の力（引力）に逆らってクォークと反クォークを躍起になって引き離そうとします。この、クォークと反クォークを紐の引力に逆らって引き離そうとするエネルギーの源は、コライダーによって電子と陽電子に与えられたエネルギーで、外部から注入されたエネルギーです。

もし、この外部から与えられたエネルギーの量がクォークと反クォークを引き戻そうとする「紐の張力によって生ずる〝強い力〟」を上回れば、紐はそれ以上離れ離れにしようとするエネルギーに耐え切れず、ぷっつりと切れてしまうでしょう。そうなれば、たえずペアであり続けてきたクォークと反クォークは晴れて自由の身になり、単独のクォークと単独の反クォークになって「独身貴族」を楽しもうと考えるに違いありません。しかし――、そうは問屋が卸さないのです。

〝自由の身〟になれないクォーク

紐が切れた瞬間も、その地点にはまだエネルギーが残っており、そのエネルギーはその地点の真空にある仮想クォークと仮想反クォークを刺激して、両者を現実の世界に引っ張り出すのです（図2－8）。

その結果、紐が切れたところ（切れ目）には、忽然として実のクォークと実の反クォークが真空から現れます。紐が切れた瞬間に真空から現れたクォークが独身貴族を味わおうともくろんでいた反クォークと、そして真空から現れた反クォークが解放されたばかりのクォークとペアを組んでしまうため、そこには二つの中間子が生成されます。

図２－８

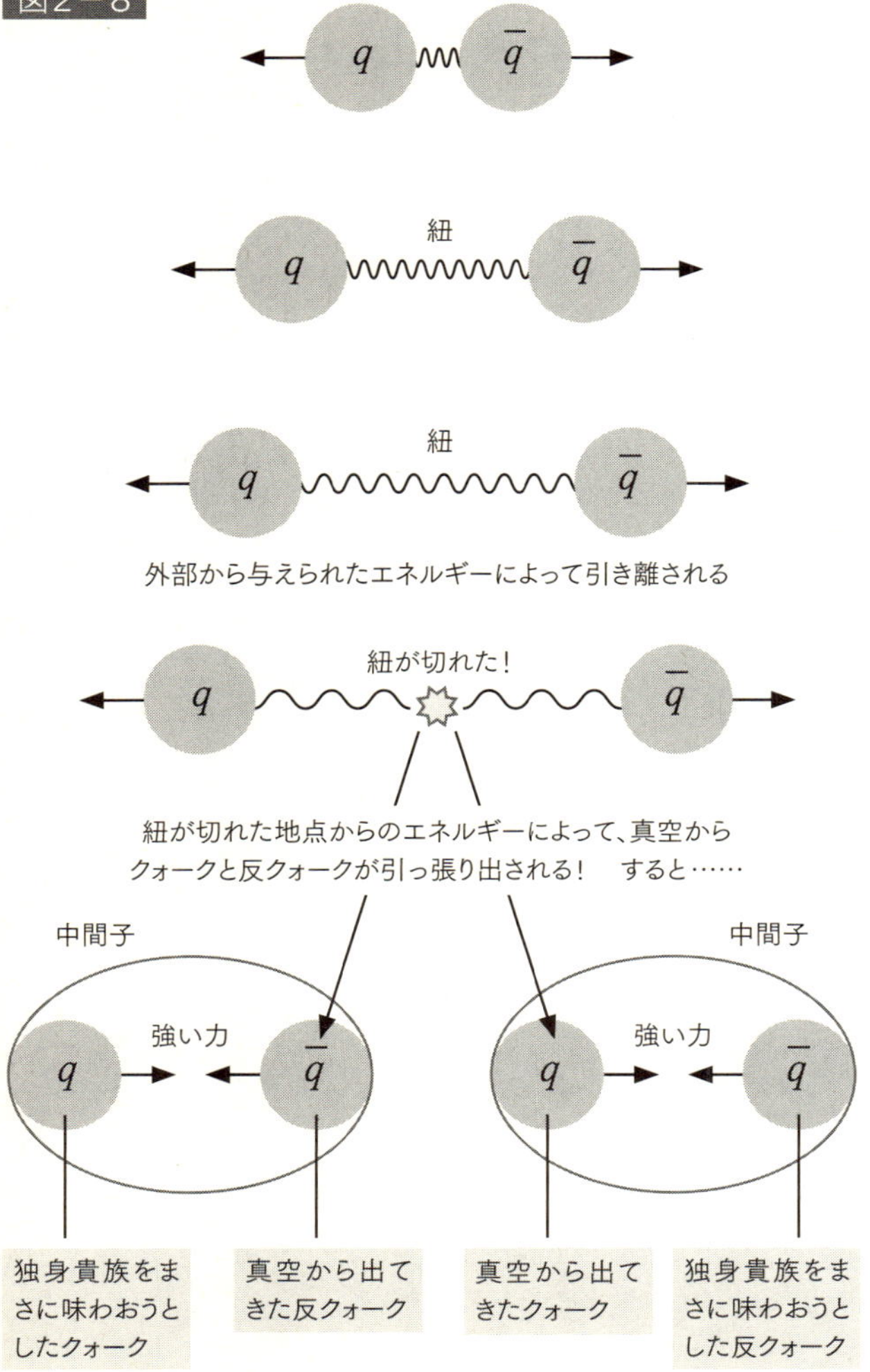
q
$\bar{q}$
紐
q
$\bar{q}$
紐
q
$\bar{q}$
外部から与えられたエネルギーによって引き離される
紐が切れた！
q
$\bar{q}$
紐が切れた地点からのエネルギーによって、真空から
クォークと反クォークが引っ張り出される！　すると……
中間子
強い力
q
$\bar{q}$
中間子
強い力
q
$\bar{q}$
独身貴族をまさに味わおうとしたクォーク
真空から出てきた反クォーク
真空から出てきたクォーク
独身貴族をまさに味わおうとした反クォーク

結局、いずれのクォークも独身貴族を堪能することは許されず、つねに他のクォークと一緒にいなければならない運命にあります。電子は「単独」で存在することができますが、クォークにはそれができないのです。

いずれにしても、真空の1点に巨大なエネルギーを注ぎ込んで、真空中の「クォーク-反クォーク」の対を引っ張り出そうとしても、一時的に引っ張り出されたクォーク対は真空から〝助っ人〟が現れるためにパイオンという中間子に変化してしまいます。こうして生まれた二つのパイオンが、互いに反対方向に飛び出ていくことになるのです。クォークと反クォークを真空から別々に引っ張り出すことは１００％不可能です。実際に、いまだ単独で〝自由の身〟を謳歌するクォークは、一度も観測されたことがありません。

しかしです！　本書でも重要な役割をはたすファインマン図の考案者である物理学者、リチャード・ファインマン（１９１８～88）が面白いアイデアを考えつきました。詳細は省略しますが、彼は、たとえ単独のクォークは観測されなくても、光の速度にほとんど近いような電子を陽子にぶつけてやれば、その電子は陽子内に入り込み、陽子内部のクォークやグルーオンにぶつかったのちに、陽子の外に弾き出されるのではないかと思いついたのです。

このような現象が起こるのは、電子が「強い力」をまったく感じないからです。ファインマンは、陽子内にいくつかの「点状粒子」が入り込んでいると考え、その点状粒子を「パートン」

図2－9

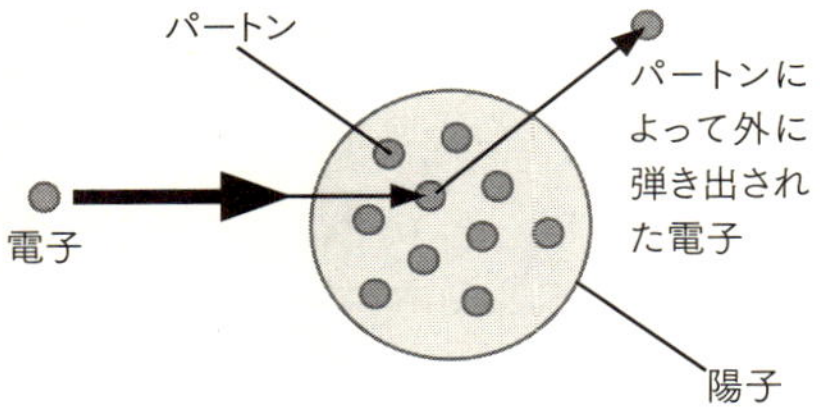

（パートは「部分」という意味）と呼びました（図2－9）。

陽子の深部まで入り込んだ電子は、陽子内部で一つのパートンにぶつかって外に弾き飛ばされます。「深非弾性散乱」と呼ばれる現象です。ここから電荷をもつパートンと電荷をもたない電気的に中性なパートンがあることがわかりました。電荷をもつパートンがクォークであり、電荷をもたないパートンがクォーク間で「強い力」を運ぶグルーオンだったのです。

この、高エネルギーをもつ電子を陽子にぶつけて陽子の内部深くに進入させる実験がスタンフォード大学の直線粒子加速装置で行われ、実験データの解析はもののみごとにクォークとグルーオンの実在を実験的に証明しました（1968年）。この実験に直接携わった3人の物理学者、ジェローム・フリードマン（1930～）、ヘンリー・ケンドール（1926～99）、リチャード・テイラー（1929～）は、その功績により1990年にノーベル物理学賞を受賞しています。

ファインマンの卓抜なアイデアが生み出したすばらしい成果ですが、この実験においても、入ってきた高エネルギーの電子はいったん光子に化けて陽子内のパートンにエネルギーや運動量を与えるため、陽子内のクォークの一つが陽子外に叩き出されます。叩き出されたクォークは、真空に存在している仮想「クォーク－反クォーク」の対にエネルギーを与え、そこに図2－8と同じような過程を通して真空からクォークや反クォークを拾い上げて、パイオン（中間子）やその他のハドロンが生成されます。

ハドロンとは、陽子や中性子、中間子など、「強い力」を感ずるクォークからなる粒子です（これらの他にもハドロンはあります）。陽子にぶつかる電子は強い力をまったく感じないので、ハドロンではありません。電子は内部構造をもたない素粒子であり、クォークから構成されていないからです。

*

この宇宙で最も低いエネルギー状態を有する空間を「真空」というのです。エネルギーが最低であっても、その値はゼロではありません。この宇宙には、化学エネルギーや原子力エネルギー、光のエネルギー、生物エネルギーなど、さまざまなエネルギーがあります。この宇宙のすべてのエネルギーはことごとく真空のエネルギーより高く、最も低いエネルギー状態が真空なのです。

水と同じように、エネルギーも「高き」から「低き」へと流れます。真空から私たちの世界にエネルギーが流れることは、「低き」から「高き」に向かうことになり、不可能です。真空の状態を知るためには、真空にエネルギーをぶち込んで「真空との反応」を観測しなければなりません。ところが、そうすると真空にぶち込んだエネルギーが流れ込むために、真空は元の状態ではなくなってしまいます。このために、真空で何が起こっていようとも——仮想粒子が出没して真空がゆらいでいようとも、私たち人間の五感（他のすべての動物も）はそのような自然な状態の真空を感知することができないのです。感知できないということは、人間にとって真空は真空でしかありえないということになります。

最終第6章で紹介するように、私たちの周囲の空間は「ヒッグス場」によって埋め尽くされています。にもかかわらず、真空のエネルギーが最低であるために、私たちにはヒッグス場を感知することはできません。ヒッグス場の存在にかかわらず、真空は真空なのです。続く第3章以降では、真空のふしぎさをさらに掘り下げていきます。

第3章

真空が生み出す奇妙な現象

ゼロ点振動の再来

不確定性原理によれば、電磁波も物体も——すなわちあらゆるものが、たとえ絶対ゼロ度の状況下でも静止状態を保つことはできません。永久に振動を続ける量子が、真空に「さざ波」をわきたたせる「ゼロ点振動」が存在するからです。真っ暗闇で絶対ゼロ度の真空には、電磁波のゼロ点振動が潜んでいます。このゼロ点振動する電磁波が、第1章で登場した奇妙な現象「カシミール効果」の謎を解き明かします。

カシミール効果とは、真空の中に2枚の平行金属板をそっと置くだけで、両者の間に引力が働

図3－1

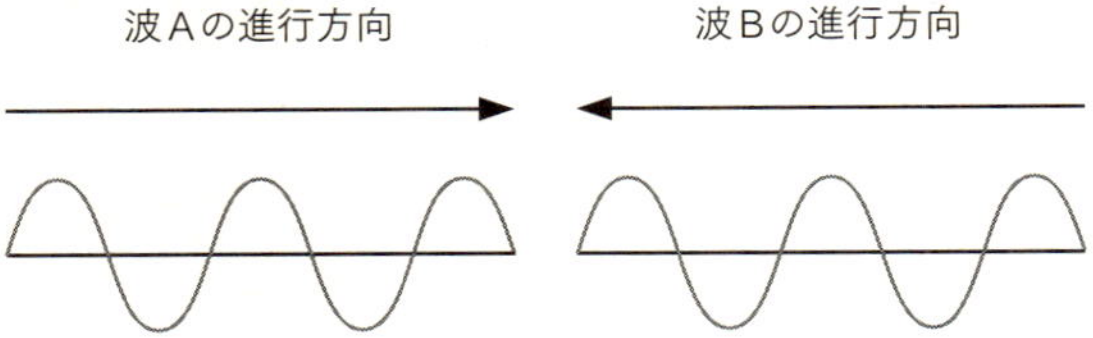

くというものでした（21ページ参照）。そのふしぎな現象を引き起こすのは、「発生源のない無限大のエネルギー」ということでしたが……？

　まったく同じ二つの波が、お互いに反対方向に伝播している場合を考えます。「まったく同じ」という意味は、二つの波のもつ「波長」「振動数」「振幅」のすべてが同じであるということです。まったく同じこの二つの波を、「波A」「波B」と呼ぶことにします（図3－1）。

　この二つの波が重なり合うと「定常波」が形成されます。定常波の説明をする前に、二つの波が重なり合うようすを確認しておきましょう。図3－2は学生が実験用に使う定常波発生装置です。「電気振動器」が「機械振動器」に電気的につながれていて、機械振動器のトップには上下振動する金具が設置されています。糸の左端はこの金具に直接つながれており、糸の右端は小さな滑車を通して重りにつながれています。この重りが、糸に張力を与えます（張力がないと糸は振動しません）。

　電気振動器が電気振動を起こすと、機械振動器を通して電気振動が機械振動に変わり、糸の左端がその振動数で上下に振動します。この上下振動が糸を伝わることで糸上に波が形成され、その波は糸の右端に到達

図3－2

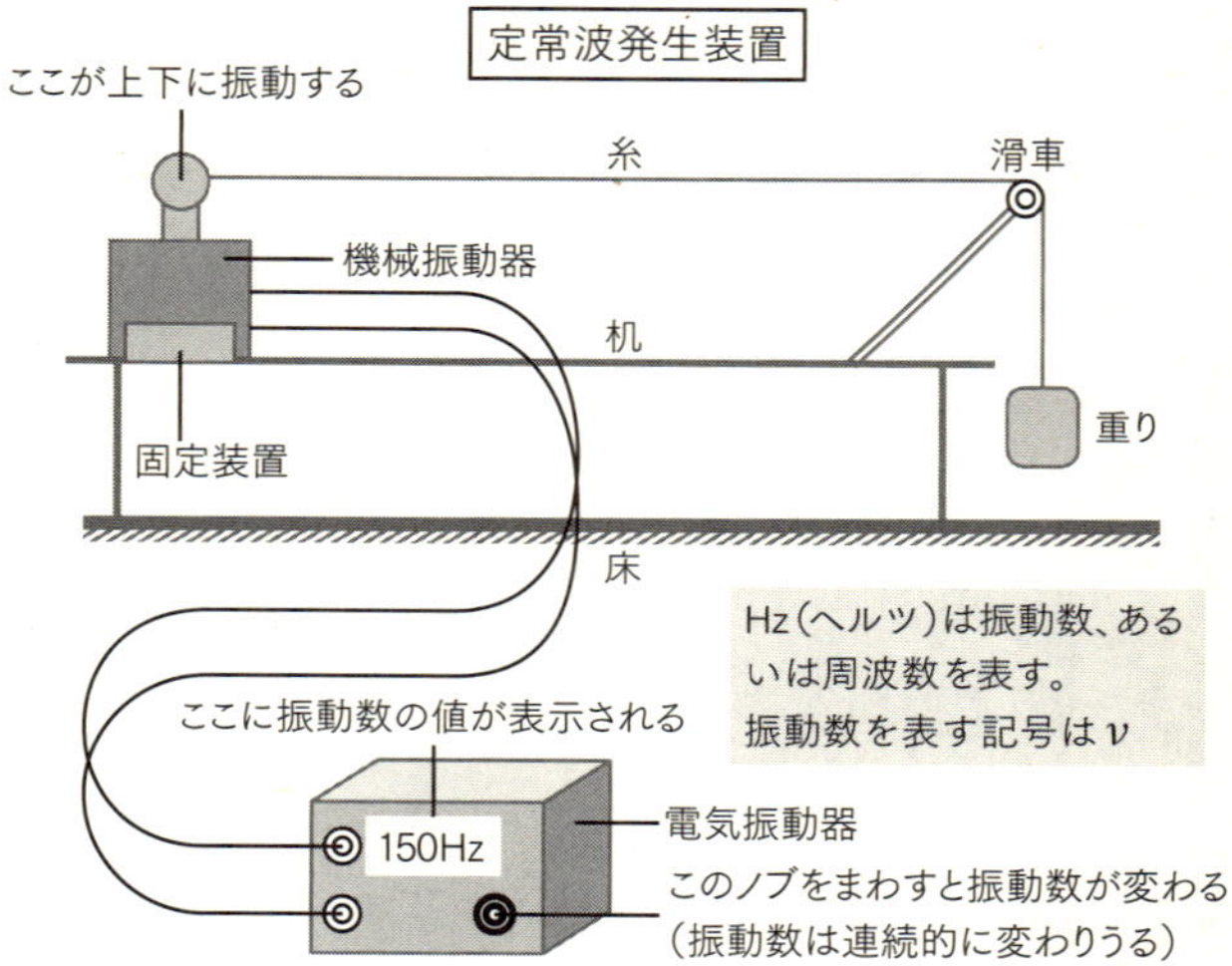

します。滑車を通して重りによって下に引っ張られている糸の右端は、固定されて上下振動できないために、右端で反射された波は糸の左端に逆戻りします。糸の左端は機械振動器に直結されているので連続的に上下運動をしています。したがって、波はいつも糸の左端から発生して連続して右へ右へと伝播し、糸の右端で連続して反射されています。

左端で発生した波と右端で反射された波とはまったく同じ波であり、唯一違うのは伝播する方向のみです。それは、振動源、すなわち波の発生源が左端の上下運動する金具ただ一つだからです。振動数と波長、振幅がまったく同じ二つの波が互いに反対方向に同じ媒質（糸）上を伝播すると、こ

図3－3

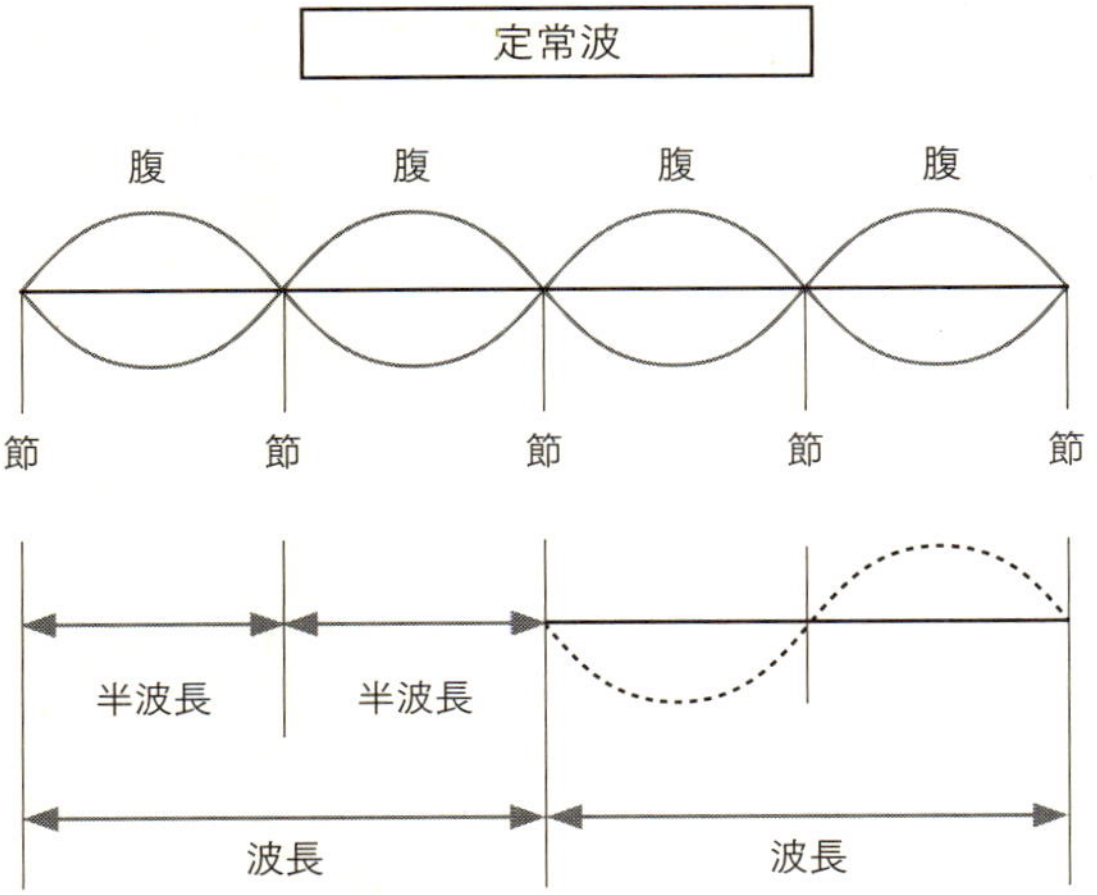

糸は1本しかないことを忘れずに！

の二つの波は重なり合って干渉し、その結果、糸全体に「合成波」が形成されます。この合成波が、次に説明する定常波となるのです。

　電気振動器のノブを回すことによって、糸の振動数は連続的にいかようにも変えることができ、振動数をゆっくり変化させていくうちに、糸にはたいへん面白い現象が発生します。互いに反対方向に伝播する二つの波が同じ糸上で重なって「干渉」を起こし、たとえば図3－3に示すような振動をします。図中の「腹《はら》」は糸が上下に激しく振動している部分で、「節《ふし》」は糸が時間に関係なくまったく振動しない点を示しています。

　そして、隣り合う腹同士は、糸の振動

方向（上下）がまったく逆になっています。ある腹の部分の糸が上向きに動いているときは、その両隣の腹の部分の糸は下向きに動いています。振動しているわけですから、その「向き」は交互に変わります。このような振動をする波が「定常波」です。

定常波は左右に進行している波ではなく、同じ場所で上下に振動しているだけです。隣り合う節と節の間の距離はちょうど波長の半分の長さ（半波長）になっています。つまり、二つの腹を挟んで、一つ飛ばした節から節までの距離がその波の「波長」になっています。糸の両端は固定されているので、当然「節」になりますが、図3－2の定常波発生装置における「電気振動器」の振動数を変えることで、糸上に発生する腹や節の数を変化させることができます（図3－4）。

振動を速くすればするほど（振動数を増やせば増やすほど）、腹と節の数が増えていきます。定常波には、腹の数（あるいは節の数）によって名前がつけられています。腹がただ一つだけできる定常波は「基本モード」、二つの腹ができる定常波は「第二モード」、三つの腹ができる定常波は「第三モード」、以下、第四モード、第五モード、……と続きます。

このような定常波のパターンを「振動モード」あるいは単に「モード」と呼んでいます。これらのモードからすぐわかることは、各モードは半波長の整数倍になっているということです。たとえば、第五モードは半波長の5倍になっています。モード数が増えるほど半波長が（すなわち波長も）短くなっていきます。

図3－4

いくつかの定常波パターン（振動モード）

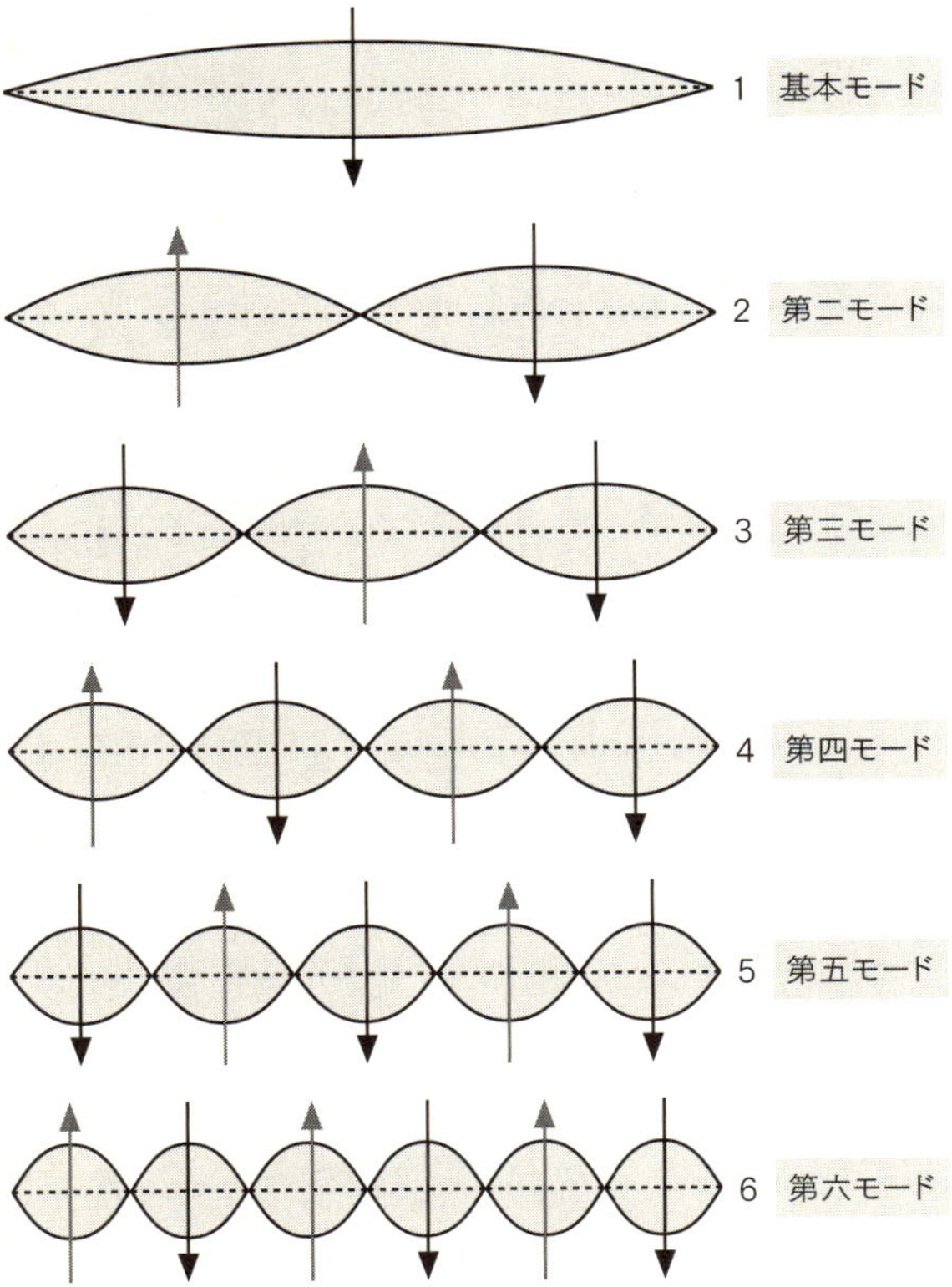

縦の矢印は、腹の部分の糸の「ある瞬間の上下の動き」の方向を示す。この後は矢印の方向が逆転し、これが繰り返されている。これはたった1本の糸の振動状態を表している

このことから、定常波が形成されるためには、波長が特定の長さにならなければならないことがわかります。与えられた糸の長さが、半波長のちょうど整数倍になったときに初めて、定常波が形成されるのです。「波長」×「振動数」＝波の速度という関係から、定常波の各モードにおける波長が特定の長さにならなければならないということは、振動数もまた特定の値でなければならないことになります。

逆にいえば、決められた長さをもつ糸は「特定の振動数」でしか振動しないということです。図3－4に見られるように、それぞれのモードは違った波長をもち、したがって違った振動数で振動します。これらの振動数が、そのモードに「特定の振動数」です。ある長さを与えられた糸は、このうちのどれかの振動数でしか振動することはできません。この意味で、これら特定の振動数で振動する状態を「固有振動」といいます。固有振動の振動数は糸の長さと糸の質量によるもので、振動発生装置の振動数によるものではありません。

ふたたび図3－2に戻りましょう。電気振動器のノブをゆっくりと回しながら振動数の値を変えていくと、糸の固有振動にぴったり一致したときのみ糸上にハッキリとした定常波モードが現れます。糸の固有振動の振動数と外部の振動器から与えられた振動数がちょうどマッチしたときにのみ、糸上にハッキリとした定常波モードが現れることから、「共に同じ振動数で振動する」という意味で「共振現象」と呼ばれています。

前置きが長くなりましたが、以上のことはカシミール効果を理解するにあたってきわめて重要な事柄なのです。

電磁波の定常波

世の中に存在するあらゆる種類の波に、定常波が発生します。当然ながら、電磁波にも定常波が考えられます。ただし、電磁波およびその定常波は目に見えません。電磁波の定常波は、電磁波測定器とコンピュータを使えば図3-4のような波形がコンピュータの画面に現れ、完全に視覚化が可能です。しかし、今の場合は真空のゼロ点振動における電磁波を扱っているので、その視覚化はコンピュータを駆使しても不可能です。真空のエネルギーの観測はどだい無理な話なのです。

ここに2枚の金属板を用意します。金属板は電磁波を反射します。ある特定の振動数で振動するマイクロウエーヴを使って実験をしてみましょう。このマイクロウエーヴの存在する空間（空気があっても差し支えありません）に、2枚の金属板をある間隔を隔てて平行に設置します。これからの議論は、2枚の金属板の間に存在するマイクロウエーヴだけに注目します。

前述のとおり、金属内には桁数として10^{24}個ほどの（自由に動き回れる）自由電子が存在します。マイクロウエーヴは電場と磁場から構成される電磁波の一種で、電場も磁場も強弱を繰り返

図3－5

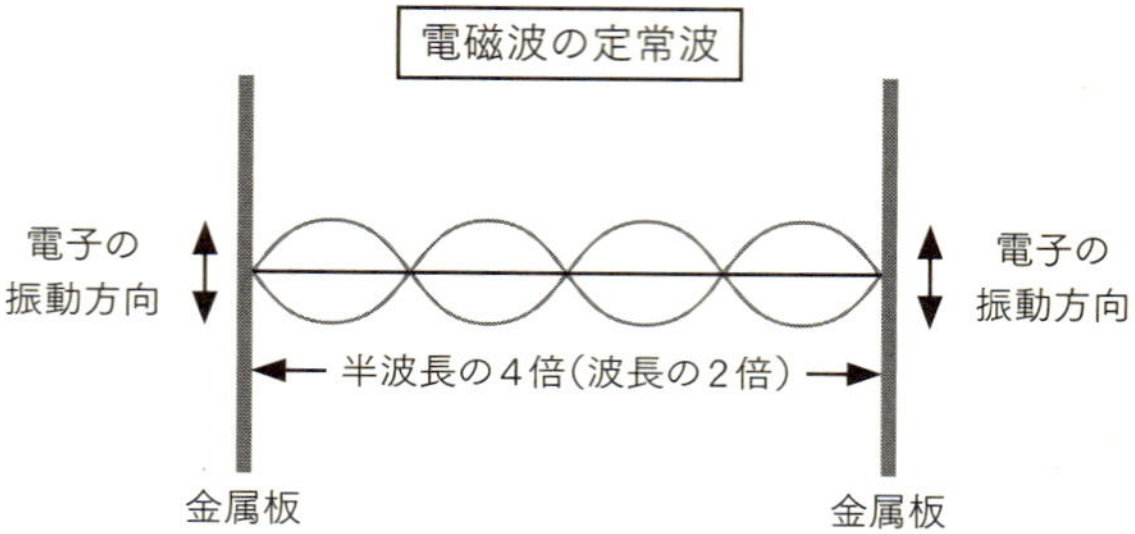

しながら振動しています。電子は電場に敏感に反応しますので、振動しているマイクロウエーヴがその進行方向に対して直角に設置されている金属板に当たると、金属板内の電子たちはマイクロウエーヴの電場に動かされます。

その結果、金属板表面に存在する電子も、金属板の表面に平行な方向に振動します（図3－5）。電子たちが振動すると、そこから新たな電磁波が金属板と直角をなす方向に発生します。この新たに発生した電磁波は「反射波」となり、マイクロウエーヴが金属板表面で反射されたのと同じ結果になります。

しかし、金属板表面の電子の振動によって発生した電磁波（これもマイクロウエーヴ）は、入射してきた元々のマイクロウエーヴの電場を打ち消すように振動するので、金属板表面の正味の電場はゼロとなります。結局、マイクロウエーヴの強さは金属表面でゼロとなってしまいます。まったく同じことが、もう一つの金属板にも起こります。

つまり、二つの平行金属板に入り込んだマイクロウエーヴの強さは、金属板表面でゼロ（節）になります。結果的に、マイクロウエーヴは二つの平行金属板の間を反射によって往復運動することになります。ということは、二つの金属板の間ではつねに運動方向が互いに逆になっている二つの同一のマイクロウエーヴが重なり合っていることになり、これは「定常波」ができる条件になります。

しかし、与えられたマイクロウエーヴの振動数がすでに決まっていますので、定常波は二つの平行金属板の間隔が特定の距離を保たないかぎり発生しません。ここで「特定の距離」とは、先の定常波発生装置における「糸の長さ」に相当します。図3－5に見られるように、二つの平行金属板の間隔がマイクロウエーヴの半波長のちょうど整数倍になるような間隔距離であることが、定常波発生の条件となるのです。

逆にいえば、与えられた金属板間の距離がその電磁波の半波長の整数倍になっていれば、そこには電磁波の定常波が形成されます。これもまた、共振現象です。

「ゼロ点波」とは何か

36ページで登場した「ゼロ点エネルギー」を思い出してください。真っ暗闇で絶対ゼロ度の真空には、振動数νをもつ電磁波エネルギーの最低値$h\nu/2$＝ゼロ点エネルギーが残っています。真空には、無限大ともいうべき数多くの異なった振動数をもつゼロ点エネルギーに対応する電磁波が存在します。しかし、$h\nu/2$は光子1個のもつエネルギーの半分の値ですから、真空には「実の光子」は1個もありません。だから観測することは不可能なのです。

何ともふしぎな話だと思いませんか？　それなら、「ゼロ点エネルギーに対応する電磁波が存在する」とは、いったいどういうことなのでしょうか。

真空に取り残されている電磁波エネルギー（そう、エネルギー！）には不確定性さが伴いますが、ゼロ点振動している個々の電磁波の振動数νそのものには不確定性さは伴いません。この説明は少々難しくなりますが、数学的にさまざまに異なる振動数を重ね合わせる操作（積分といいます）では個々の振動数には不確定性さはまったくなく確定値を取ります。

現に図3-4に見られるように定常波の個々のモードの振動数ははっきりとした確定値をもち、個々のモードの振動数νには不確定性さは伴いません。振動数とエネルギーとはまったく別種の物理量です。νが振動数で$h\nu$（$h\nu/2$でも）がエネルギーです。ということは、真空には無数の異なる振動数をもつ無数のゼロ点振動に対応する電磁波が充満していることになります。奇妙な感覚に陥ってしまいそうな話ですが、これがまさしく「真空の姿」なのです。

ゼロ点振動している波のことを「ゼロ点波」と呼びます。ゼロ点波はすなわち、ゼロ点エネルギー$h\nu/2$に対応する電磁波です。真空には、観測はできないけれど無数の「ゼロ点波」が存在していることになります。これら無数のゼロ点波は、それぞれ異なった振動数をもっています。

ゼロ点波を量子化すると光子になりますが、エネルギーが「実の光子」の半分（$h\nu/2$）しかないため、この光子はエネルギー保存の法則を破って瞬時に$h\nu$（もしくはそれ以上）のエネルギーを得て、観測不可能な仮想光子へと変化します。そして、真空中で発生・消滅を繰り返すのです。

「カシミールの力」の源泉

「カシミール効果」を予言したカシミールたちは、真空にゼロ点波が充満していることに着目し、真空に単に2枚の帯電していない平行金属板を置いただけで、両者の間に引力が働くはずだと考えました。「帯電していない」とは、23ページ図1－4のように、それぞれの金属板がプラス電荷過剰やマイナス電荷過剰になっておらず、いずれも電気的に中性の状態にあることを示しています。二つの金属板に働く引力が電気引力によるものではないということを強調するために、念を押しておきます。

真空に無数に存在するゼロ点波も、マイクロウエーヴと同じように扱えます。個々のゼロ点波は観測不可能とはいうものの、はっきりとした振動数や波長をもっており、電磁波であることに変わりはないからです。

2枚の平行金属板の〝外側〟には、無限大の数のゼロ点波が存在しています。したがって、2

図3－6

二つの平行金属板の間に発生した定常波

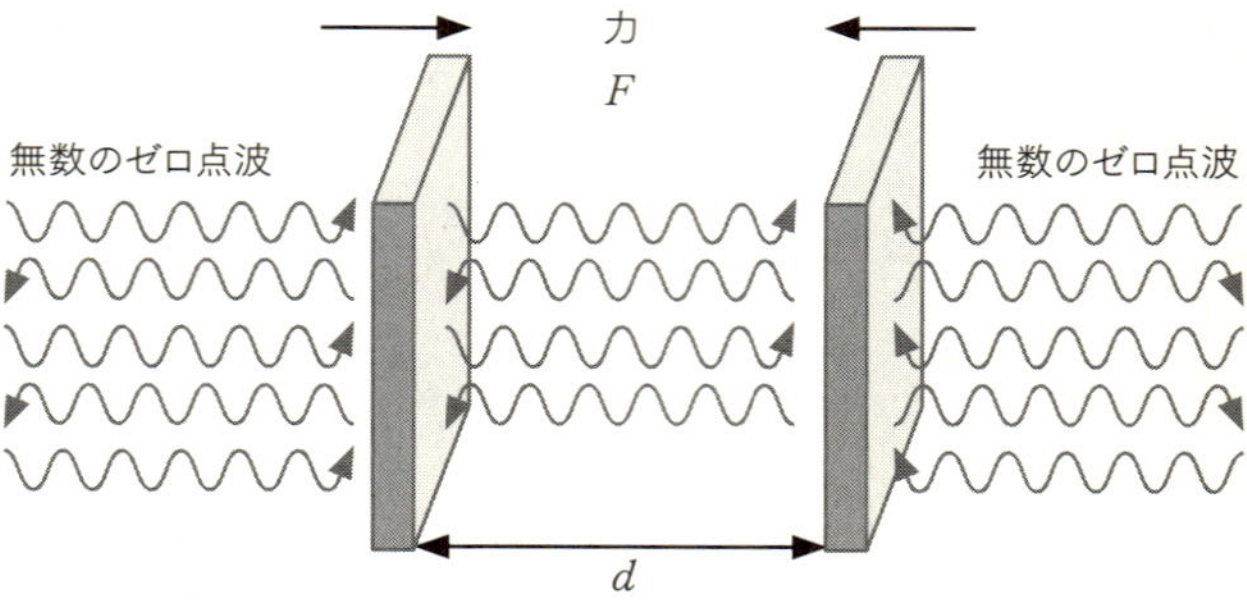

枚の金属板の外側にある異なる振動数νの数も無限大です。一方で、2枚の平行金属板の内側には、その間隔に応じた波長をもつ「ゼロ点波による定常波」が発生します。金属板の表面は、その定常波の「節」になります。

図3－6に見られるように、電磁波であるゼロ点波は、二つの平行金属板の〝外側〟にも〝内側〟にも存在します。しかし、2枚の平行金属板の間の空間（真空）に収まるゼロ点波の数は外側に比べて多くはありません。なぜなら、無数に存在するゼロ点波（無数にある波長や振動数）のうち、〝内側〟に存在しうるのは、2枚の平行金属板間の距離（d）が半波長のちょうど整数倍になっているものだけだからです。

すなわち、2枚の平行金属板の間には96ページ図3－5のようなゼロ点波による定常波が現れるのです。当然、そのようなゼロ点波の数は限られてしまいます

（実は後で、限られていないことがわかります！）。

一方、平行金属板の〝外側〟にあるゼロ点波には何の制約もありませんから、無限ともいうべき数のゼロ点波が存在しています。結局、２枚の平行金属板の内側にある波の数は、外側にある波の数より少ないことになります（図３－７）。

ただし、ここが重要な点ですが、外側より少ないとはいえ、２枚の平行金属板の内側にも無限大の数の定常波が生じます。

２枚の平行金属板の内側には外側と比べるとゼロ点エネルギー（$h\nu/2$）の数が少ないことになり、内側のエネルギーは減少します。２枚の平行金属板の間を極端に狭めたら、その間隙にマッチするゼロ点波はますます少なくなり、間隙内に存在するゼロ点エネルギーの量もそれだけ減少します。内側より外側の電磁エネルギー（ゼロ点エネルギー）のほうが大きいということは、外側から平行金属板に加わる圧力のほうが、内側の電磁

図３－７

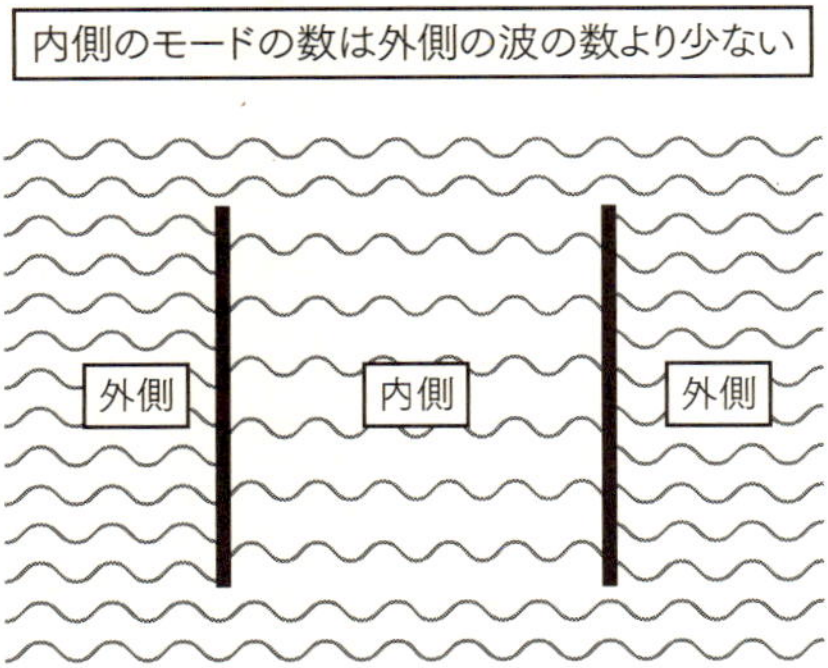

内側のモードは図３－６のようになっているが、それらが重なっている

図3－8

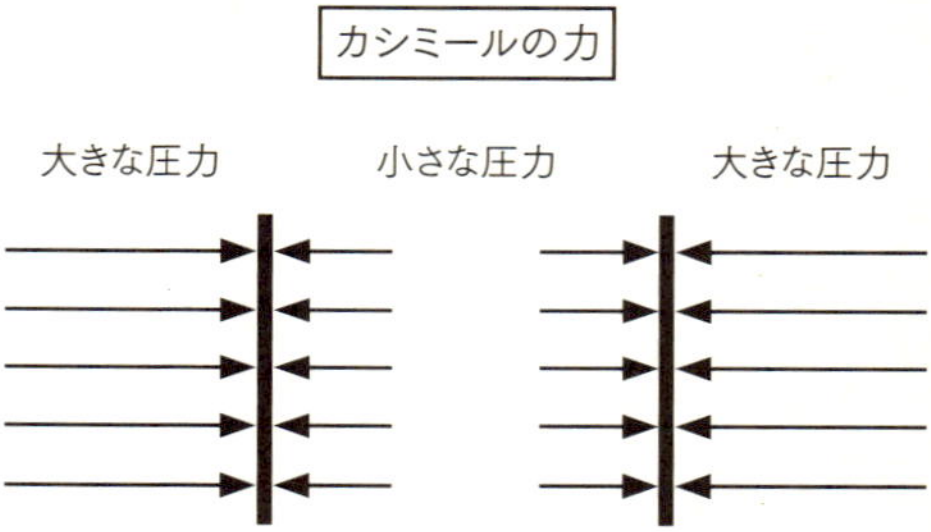

矢はゼロ点エネルギーによってもたらされた圧力を表し、圧力はベクトル量ではないが便宜上、矢の長さは圧力の大きさ（強さ）を表すことにする。外側からの圧力のほうが内側からの圧力よりも大きい

エネルギーによって平行金属板を外側に押し出す圧力よりも大きいことになります。もうおわかりですね。この結果、二つの金属の間には互いに近づくような力、すなわち引力が働くことになるのです（図3－8）。

もう一度念を押しておきますが、それぞれの金属板は帯電していません。電気的にプラスでもマイナスでもなく中性ですから、二つの金属板の間に働く引力は電荷による電気力ではありません。金属板は質量をもっていますから、両者の間には間違いなく重力が働いてはいますが、金属板程度の質量による重力はほとんど測定不可能なくらい小さいので、二つの金属板の間に働く力の源は、もともと真空に存在しているゼロ点エネルギー以外には考えられないことになります。

金属板をただ平行に置いただけで働くとは実にふしぎな力ですが、これが「カシミールの力」なのです。

どれほどの力なのか

「カシミールの力」は、いったいどのくらいの大きさの力なのでしょうか？
平行に置いた二つの金属板（正方形）の一辺の長さをLメートル、両者の間隔をdメートルとします（図3－9）。金属板の面積はL^2平方メートルです。この二つの金属板の間に働く引力Fは式3－1のように表されます。

この式は、真空のゼロ点エネルギー$h\nu/2$から出発して導かれたものですから、当然プランクの定数hが入っています。cは例によって光速度です。円周率πを含め、右辺の分子にあるのはことごとく定数で、したがって$\pi h c$全体も一定値となります。これら個々の一定値はよく知られた数値ですので、それらを代入して計算するとカシミールの力は$F=(1.30\times10^{-27})/d^4\times L^2$ニュートンとなります。

これが、金属板の面に直角に加わるカシミールの力です。金属板の面積であるL^2で割って圧力を求めると、式

図3－9

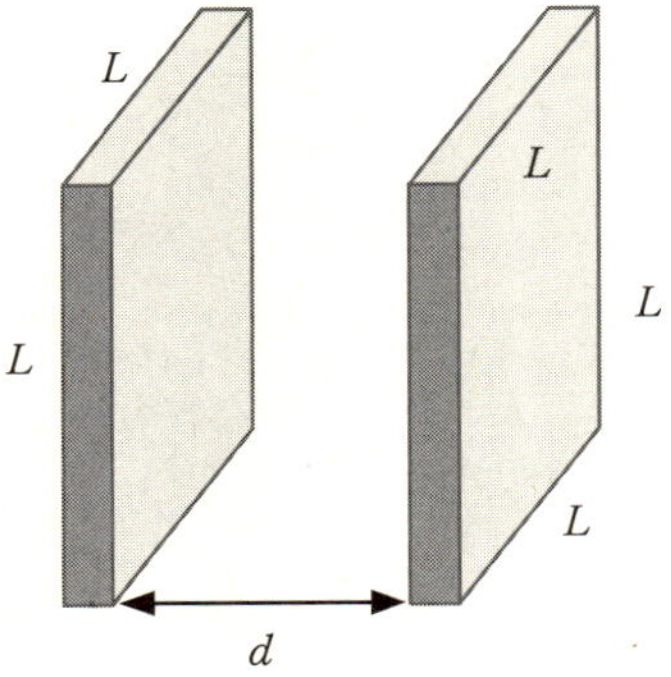

式3－1

$$F=\frac{\pi hc}{480d^4}L^2$$ カシミールの力。
単位はN（ニュートン）

3－2のようになります。

ここで図3－9に立ち戻って、金属板の間隙（dの値）を10^{-8}メートル（10^{-6}センチメートル）にしてみます。つまり、間隙dは0・000001センチメートルときわめて狭い！　このdの値を式3－2の分母に代入してみると、真空のゼロ点エネルギーが金属板に及ぼす圧力は1・3×10^5パスカルとなります。1気圧が1・013×10^5パスカル（1013ヘクト・パスカル）であることを考えると、真空のゼロ点エネルギーが金属板に与える圧力はほぼ1気圧ということになります。

1気圧は私たちが日常、地上で受ける空気による圧力で、決して小さな力ではありません。ただしです！　この圧力を得るためには、金属板の間隙は0・000001センチメートルときわめて狭くなくてはなりません。0・000001センチメートル＝10ナノメートルですから、ナノテクノロジーが要求されるきわめて精密な世界です。

金属板の間隔dを簡単に測れるような距離、たとえば1センチメートルにしてしまうと、金属板に働く圧力は測定困難なほどに激減し、大きな誤差がつきまとうでしょう。それは、ゼロ点エネルギーによる圧力が、金属板の間隔距離dの4乗（d^4）に反比例するからです。ほんのわずか

式３－２

$$\text{圧力}\quad \frac{F}{L^2}=\frac{1.30\times10^{-27}}{d^4}\quad \text{N/m}^2\ (\text{パスカル})$$

間隔距離を変えただけで、金属板にかかる圧力は激変してしまいます。

もし、金属板の間隙を数センチメートルと実際に物差しで測定できるような間隙に留め、かつカシミールの力（圧力）を楽々と測定できるようにするためには、金属板の一辺Lは数百キロメートルにもなってしまうことが計算によって示されています。

カシミール効果の観測はかなりの困難を伴うものであり、だからこそ現象の予測から実際の観測まで半世紀もの時間を要したのです。

どうやって実証したのか

カシミールが「カシミール効果」を思いついたのは１９４８年です。確証を得るための実験はいくつかなされましたが、前述のとおりかなりの精度が要求されるため、決定的な実証はなされないままに時代は流れていきました。ラモローが初めて確定的な実験に成功したのは、カシミールの提唱から49年が経過した１９９７年のことで、５％の精度でカシミールの力を測定したのです。

ラモローが成功を収めたカギは、一つの卓越したアイデアにありました。

図3－10

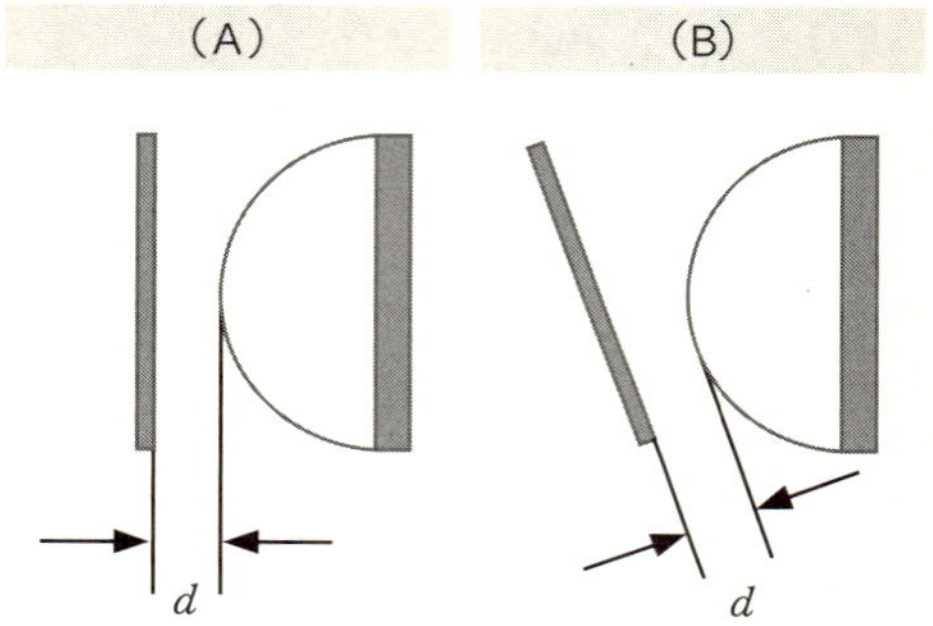

実際の球面はこれよりずっと平らで、極端に描かれている

2枚の金属板を正確に平行に保ちながら1マイクロメートル程度の間隔を調整するのは容易なことではありません。そこでラモローは、片側の金属板を球形にすることを思いついたのです。球形にすることで、球と金属板の間の最短距離は金属板の向きに関係なく等しくなり、「平行」にこだわる必要がなくなります（図3－10）。ラモローは、球と金属板の間にできるだけ大きな「真空力」が作用するよう、球形の表面がなるべく平面に近くなるようにするため、球の半径をできるだけ大きくしました（半径2メートル）。

ラモローの行った実験を詳しく見ていきましょう。図3－11に示すように、平らな金属板は「ねじれ秤」の1本の〝腕〟につながれています。「ねじれ秤」は弾力性の強い細い金属線でできており、ねじれると元に戻そうという「復元力」が働きます。そのような金属線を天井にしっかりと固定し、下端に水平方向になるように取りつけた〝腕〟でねじると、腕は「右回り」と「左回り」を交互に繰り返す「ねじれ振動」を行います。ラモロー

図3－11

カシミール力の検出装置（概略図）
この部分は真空内に置かれている

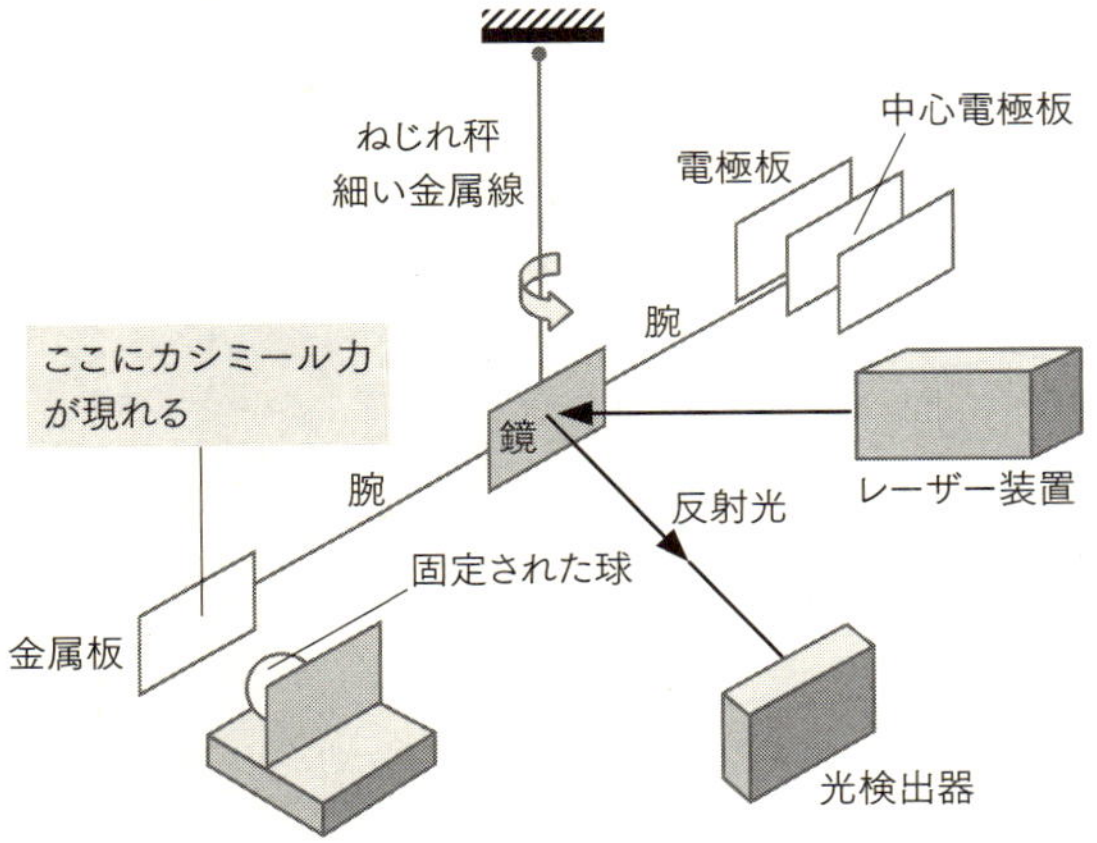

は、カシミールの力を測定するのにこの「ねじれ秤」を使ったのです。

ねじれ秤の下端には、鏡が備えつけられています。カシミールの力を感ずる金属板は、ねじれ秤の片側の腕に接続されており、もう一方の腕は三つの電極板のうち、真ん中の電極板（中心電極板）に接続されています。中心電極板を挟む両端の電極板には電圧がかかっています。レーザー光線がねじれ秤の下端にある鏡に当たっており、その反射光を光検出器がとらえています。カシミールの力によって金属板が球に引き寄せられると、次のことが起こります。

①ねじれ秤の下端に直角に接続されている「腕」が少し回転する。

図3－12

図3－11を真上から見た図
（実際よりも大げさに描かれている）

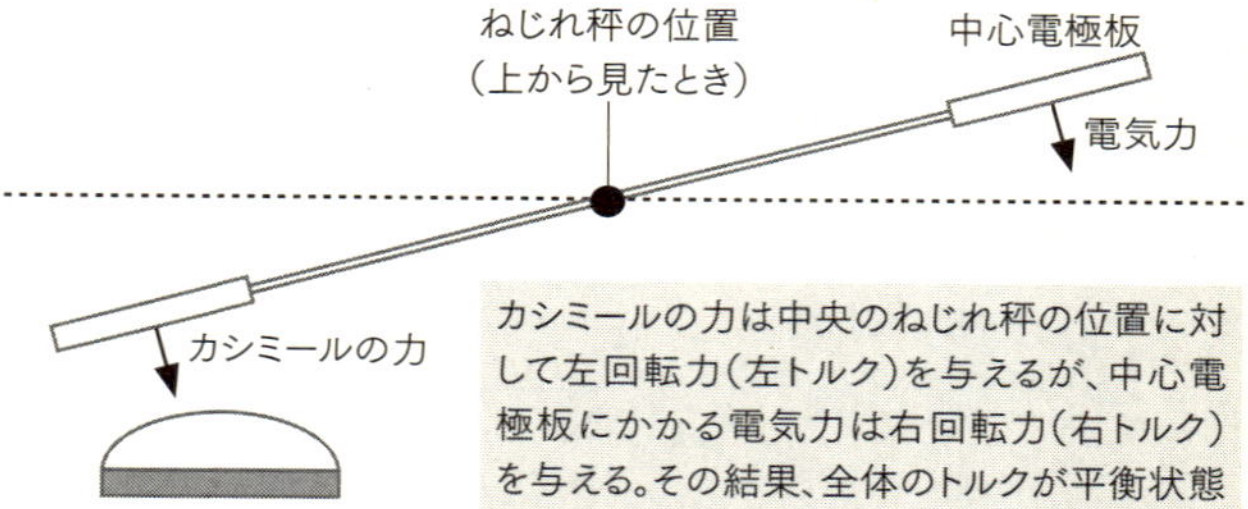

カシミールの力は中央のねじれ秤の位置に対して左回転力（左トルク）を与えるが、中心電極板にかかる電気力は右回転力（右トルク）を与える。その結果、全体のトルクが平衡状態に達すると電気力とカシミールの力は等しくなる

②腕の回転によって鏡が傾き、レーザー光線の反射角に変化が起こる。

③ねじれのため、図中右側の腕の端に接続された中心電極板が図の奥側に少し移動する。

④レーザー光の反射角の変化は自動制御装置（図には描かれていない）にフィードバックされ、その結果、右端の電極板に電圧変化を与える。

⑤電極板の電圧が変わると、右腕の端に接続されている中心電極板に余分の電気力が発生し、この電気力は中心電極板に図では手前側に働く。この電気力はカシミールの力を打ち消すように働き、ねじれ秤はそれ以上ねじれなくなる。

　カシミールの力に逆らって中心電極板が元の位置に戻るような力を与える電気力が、平衡状態、つまり、静止状態に達したとき、カシミールの力と電気力は等しくなります（図3－12）。したがって、このとき電極板にかかる電圧変化を測定することでカシミールの力を知ることができます。きわめて微細なカシミールの力を直接測定するより、電圧の変化を測定するほうが技術的にははるかにやさしいのです。「技術的にやさしい」ということは、それだけ精密に測定できるということを意味します。

ラモローがカシミール効果を実証したのはあくまで「第一歩」にすぎず、その後も次々にさまざまな装置が考案されて、現在では精度０・１％以下まで到達しています。真空における「発生源のないエネルギー」は、もはや揺るぎのない事実となっています。

奇妙な告白

ところで、ここできわめて奇妙なことを「告白」せねばなりません。ここまでの話では、２枚の平行金属板の内側と外側のエネルギー状態を考え、内側のほうが外側よりエネルギーが小さいために、２枚の平行金属板は内側に向かって力を受けるということでした。この説明には何ら間違いはありません。実験事実です。

カシミールの力は、２枚の平行金属板の「外側のエネルギー」と「内側のエネルギー」の差に起因しています。しかし、よく考えてみると、この両者いずれも、「無限大のエネルギー」をもっているのです。無限大同士に差がある……、なんだかおかしな話だと思いませんか？

もう少し詳しく検討してみましょう。２枚の平行金属板の内側に発生するゼロ点波は、金属板間の距離に応じた「定常波」を作っています。波長の（正確には半波長の）整数倍になりさえすれば、金属板間には定常波がいくらでも存在しえます。振動数に上限はありませんから、２枚の平行金属板の内側には無限個の定常波が存在することになります。

一方、金属板の外側には無限のゼロ点エネルギーが充満しており、すなわち、金属板の内外のエネルギーはいずれも「無限大」になってしまうのです。それでもなお、２枚の平行金属板の内側のエネルギーは外側のエネルギーより小さく、両者の間に「エネルギー差」が生じている……。実に奇妙な話ではありますが、実際にその「エネルギー差」がカシミールの力を引き起こしています。このことから、次のような結論が導かれます。

｛無限大のエネルギー
　２枚の金属板の外側｝－｛無限大のエネルギー
　２枚の金属板の内側｝＝有限のエネルギー差

無限大から無限大を差し引くと有限になる！　いったいどう理解すればいいのでしょうか？

理解のための第一歩として、静止している大きな水面を考えてみましょう。この水面に溝を作ります（図３－13）。溝の底は当然、水面より低くなります。高きより低きに流れる水は、溝の底に向かって流れます。水が水面から溝の底に向かって流れるのは、水面と溝の底の間にある「高低差」によるものです。それは図に示された「溝の深さ」と同じです。「溝の深さ」さえ一定に

図3−13

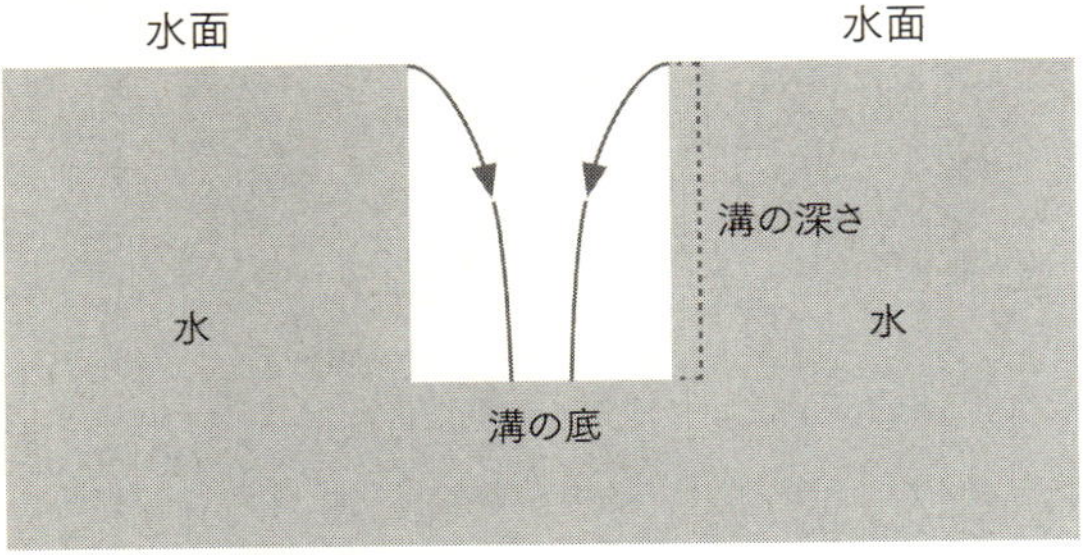

この図は地球重力の強さが高さによって変わらないという仮定に基づいている。実際、海抜8000mくらいまではほとんど変わらない

保つかぎり、水面の高さとは関係なく水は溝の底に向かって流れます。つまり、「水が水面から溝の底に向かって流れる現象」を観測する際には、水面と溝の底の「高低差」だけがわかればよく、「水面の高さ」を知る必要はありません。

　この溝を、カシミール効果に現れる2枚の平行金属板の間隙にたとえてみたらどうでしょう。繰り返しますが、水が水面より溝の底に向かって流れる現象は、水面と溝の底の「高低差」だけに依存します。つまり、溝の両脇にある水面の高さが無限大であってもかまわないということです。その場合、溝の底の水底からの高さも無限大になってしまいます。これも、無限大の高さから無限大の高さを差し引くと有限の「高低差」になることを示しています。

「無限大から無限大を差し引くと有限になる」ということが、感覚的に摑《つか》めてきたでしょうか？

水素原子にちょっかいを出す真空のエネルギー

真空のエネルギーが実在することを実験的に裏づけた、もう一つの現象が存在します。アメリカのウイリス・ラム（１９１３〜２００８）が１９４７年に見出した、「水素原子は真空のエネルギーの影響を受けると、原子内のエネルギー構造が変わってしまう」という現象です。

ポイントは、水素原子の独特の構造にあります。あらゆる原子の中で最も単純な構造をしている水素原子は、中心に陽子があり、そのまわりを1個の電子が回っています（図３－14）。中性子をもたない水素原子の原子核は、陽子そのものなのです。

ここで、真空中に置かれている水素原子を考えてみます。

外部から電子をぶつけたり光を当てたりすると、その電子や光からエネルギーを受け取った（エネルギーを吸収した）水素原子のエネルギーは上がります。すると、水素原子はエネルギー的に不安定な状態になって、すぐにもその余分なエネルギーを外に吐き出してエネルギーを下げ、元の安定なエネルギー状態に戻ろうとします。この吐き出されたエネルギーは、光子によって持ち去られます。つまり、エネルギーが高くなった原子から光が発せられるということです。

水素ガスに高い電圧をかけてやると水素分子は水素原子に分裂し、水素原子だけからなるガスができます。個々の水素原子の間にある空間は完全な真空です。すなわち、これらの水素原子は真空の中に存在していることになります。個々の水素原子は、外部から加えられた電圧によってエネルギーの高い状態にあります。したがって、それぞれの水素原子から光が発せられます。

原子から発せられた光子１個のもつエネルギーは振動数に比例します。この原子から光が発せられるようすは、量子力学によって説明されます。原子が外部からエネルギーを受け取るとエネルギー状態が変化しますが、その変化の仕方が飛び飛びに、不連続にしか変化しないのです。エネルギーを下げる際も、不連続的にエネルギーが変化します。ある値から次の値に不連続にエネルギーが下がるときに光が発せられ、光子がエネルギーを持ち去ります。

図3－14

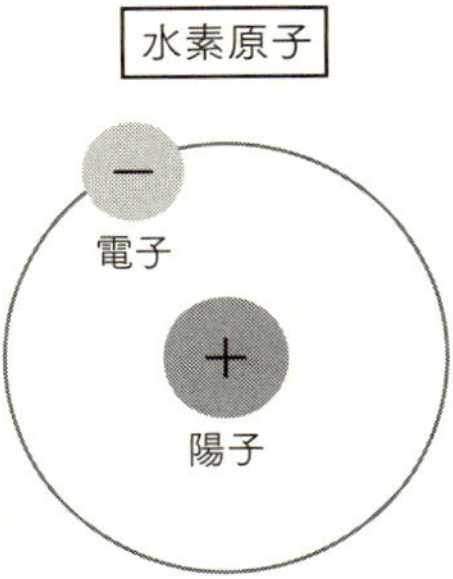

しかし、ここで考えられるのは、真空中にある水素原子は真空のエネルギーの影響を受けるということです。これまでに見てきたとおり、〝何もないまったく空っぽの真空〟など存在せず、真空にはたえずさまざまな仮想粒子（粒子－反粒子のペア）が出没しており、水素原子はそれらの仮想粒子の影響を受けるのです。言い換えれば、水素原子は「発生源のない真空のエネルギー」の影響をまともに受けるのです。

水素原子からは、そのエネルギー構造の変化に対応する光が発せられます。ラムは巧妙な実験装置を考案し、エネルギー構造の変化による発光を実験的に観測することに成功しました。水素原子のもつ飛び飛びのエネルギーに、真空のエネルギーによる〝ズレ〟（エネルギー構造の変化）が生じていることを発見したのです。

この〝ズレ〟は、発見者にちなんで「ラム・シフト」と呼ばれるようになりました。ラム以前の物理学者たちは、この「シフト」の量がごくわずかであるために長い間その存在に気づかずにいたのです（ラム・シフトはすべての原子で生じているのですが、水素原子以外の原子に起こる〝シフト〟はあまりにも小さすぎて観測できません）。

実は、太陽からの光など、日常感ずる光のほとんどは各種の原子（水素原子とは限りません）から自然放射されているものです。原子は真空に置かれていますから、その光を発する引き金役をはたしているのが真空のゼロ点エネルギーということになります。

ラム・シフトの発見によって、ラムは真空のエネルギーの〝実在〟を実証しました。この成果により、ラムは１９５５年にノーベル物理学賞を受賞しています。

真空のエネルギーそのものは見えていない

１９００～30年代にかけて構築された「量子力学」が、それまでの常識を覆すほど革命的な物理理論であったことは、実際に量子力学を専門的に学んだ人でないと実感できないかもしれません。「量子力学的効果」が小さすぎて、ハッキリした大きさがわからないような微粒子にしか現れてこないからです。

そのような微粒子の位置や速度など、物理的状態を観測するには何らかの「観測操作」を行わなければなりません。観測操作とは、その微粒子に何らかのエネルギー（たとえば光）を与えて微粒子とそのエネルギーとの反応を見るということです。しかし、観測対象の微粒子が外部から与えられたエネルギーに反応すると、その微粒子の物理状態はもはや観測前の状態とは同じではなくなってしまうのです。

私たち物理学者は、観測前の微粒子の物理状態を知りたいのです。「誰かに見られている状態」と「誰にも見られていない状態」とは決して同じではないのです。

まったく同じことが、真空のエネルギーにも当てはまります。真空のエネルギーを〝知る〟ためには、真空に対して外部から一切の手出しをしてはならないのです。いったん手出ししてしまうと、真空はもはや、元の真空ではなくなってしまいます。

カシミール効果の実験では、二つの金属板に外部からは何のエネルギー（たとえば電圧）も加えていません。真空そのものには一切触れることなく、ただ二つの金属板の〝動き〟を観測しただけです。

ラム・シフトの発見は、この宇宙に存在するすべての原子が、人類がまだ地球上に出現するずっと以前から真空のエネルギーの影響をすでに受けてしまっていることを示しています。この真空のエネルギーによる〝影響〟が観測されたのであって、真空のエネルギーそのものを観測したわけではありません。

カシミール効果やラム・シフトの観測において、私たちは真空そのものには何の手出しもしていません。私たちのほうから真空に手出しするのではなくて、真空のほうが私たちに手出しする効果を観測したのです。

すべての量子がゼロ点エネルギーをもつ

本章を締めくくるにあたり、ゼロ点エネルギーについてもう一つお話ししておきましょう。

ここまでは「電磁波によるゼロ点エネルギー」だけを考えてきましたが、量子の「粒子性」と「波動性」の問題にもう一度立ち返ってみます。「粒子性」と「波動性」こそが、量子力学の原点だからです。質量をもつ粒子が波としてふるまうことはフランスのド・ブローイによって提唱され（49ページ参照）、それは実験を通して立証されましたが、質量をもつ粒子が波としてふるまうときの波を量子化すると、ふたたび粒子性が現れて粒子としてふるまいます（「第二の量子化」として知られる現象です）。粒子→波→粒子ということです。

場の量子論によれば、「すべての粒子（量子）は、何らかの波が量子化されたときに現れる粒子である」というたいへん奇抜な結果が出るのです。たとえば、「電子」という質量をもつ粒子（量子）は電子波（電磁波ではありません！）という波を量子化した結果出てくる粒子ということです。これらの粒子（量子）に対応する波には無限個の振動数があり、その最低エネルギーは$h\nu/2$として表されます。電磁波の最低エネルギーとまったく同じこのエネルギーが、電子などの粒子に対応する波のゼロ点エネルギーとなります。つまり、ゼロ点エネルギーは電磁波ばかりではなく、さまざまな粒子に対応する波のゼロ点エネルギーも存在しているのです。

真空はどこまでも、ゼロ点エネルギーによって満たされているのです。

第4章

「力が真空を伝わる」とはどういうことか——仮想粒子の役割

接触なしで伝わる力とは？

真っ暗闇で空っぽの真空にも「構造」があるというお話をしました。その構造ゆえに、真空はざわめき、ゆらぎます。そして、この真空に二つの粒子が〝ある距離〟を隔てて存在するとき、両者に一切の物理的接触はなくとも、「力」が伝わっていく「相互作用」が起こります（図4-1）。電磁力しかり、重力しかり。そう、真空には「力を伝える構造」も備わっているのです。

そう考えてくると、こんな疑問がわいてきませんか？

——「力が真空を伝わる」とはどういうことなのか？

図４−１

「相互作用」とは、少なくとも二つの粒子の間に力が働くことによって起こる物理現象です。便宜上、二つの粒子だけを考えて相互作用について議論していきます。

最も簡単でなじみのある2粒子間の相互作用は、電荷をもつ二つの粒子の間に働く電気力でしょう。たとえば、二つの電子は接触していなくても、互いに相手の電子から真空を通して電気力を受けます。電子はマイナスの電荷を有しているので、二つの電子は接触していなくとも相手の電子から電気反発力を受けて、互いに退け合います。そのまま放っておくと、二つの電子はどんどん離れていってしまいます。

動いている電荷は、電気力のみならず磁力も生み出します。水素原子内の電子は、動いているために電気力だけでなく磁力も受けています。電気力と磁力は総称して「電磁力」と呼ばれていますので、以後「電荷」に基づく力はすべて「電磁力」と記します。電磁力を通して起こる相互作用は「電磁相互作用」と呼ばれています。

ここで重要なのは、まさに電荷がそうであるように、相互作用を引き起こす力の源は粒子自身に存在するということです。このような力は、人為的な力とはまったく関係ありません。もともとこの自然界に存在している力なので、〝自然の力〟と呼ぶことにしましょう。自然の力には、力の強さの順に、①強い力、②電磁力、③弱い力、④重力の四つが存在します。重力が最も弱いのですが、ここでは素粒子レベルの重力を指していることに注意してください。

　これら四つの力は、すべて何らの接触なしで相互作用を行います。アイザック・ニュートン（1642〜1727）の定義では、「力」とは物体を加速させる能力のことでした。しかし、素粒子のレベルでは、「力」とは相互作用を引き起こす原因であるといえましょう。

　ここで77ページ図2－5に示した原子と原子核の構造に戻ります。私たちが観測できるすべての物質は、膨大な数の原子の寄り集まりでできています。三つのクォークが集まって陽子や中性子を構成しますが、グルーオンという質量をもたない粒子の働きによってクォーク間に引力が働き、陽子や中性子の構造が保たれています。グルーオンの働きによる引力は「強い力」と呼ばれ、この強い力によってクォーク間に「強い相互作用」が発生する結果、陽子は陽子としての、中性子は中性子としての存在が可能になるのです。

　陽子や中性子（中性子同士や陽子同士も含む）の間には、湯川博士によって解明された「核力」という引力が働いており、その力によって陽子や中性子は強く結びつけられて原子核を形成します。その後の研究によって、「核力」はクォーク間に働く「強い力」の二次的な表れであることがわかっています。陽子や中性子を結びつける「核力」が及ぶ空間的な範囲はきわめて狭く、事実上、核力が原子核の外側にまで及ぶことはありません。

一方、電磁力の及ぶ範囲は核力に比べてずっと広く、実に無限大の距離まで働きます。プラスに帯電した陽子のために全体として電気的にプラスになっている原子核と、マイナス電荷をもつ電子とが、「電気引力」によって強く結びつけられ、決して離れることがないのはこのためです。

結局、原子を構成する基本粒子の間に「強い相互作用」と「電磁相互作用」がつねに働いていることで、原子はその構造を保っていることになります。

「強い力」はいったいどのくらい強いのか

二つのクォークの間に作用する「強い力」には、クォーク間の距離が短いほど（接近するほど）弱く、逆に距離が大きいほど（離れれば離れるほど）かえって強くなる奇妙な性質が備わっています。考えうるクォーク間の最大の距離は10^{-15}メートルで、このときの強い力を考えてみましょう。いったいどのくらいの強さなのでしょうか？

今、1立方メートル（1m×1m×1m＝1m^3）の体積をもつ、壁の厚さゼロの容器を想定し、この容器のみの重さはゼロであると仮定します（図４－２）。この容器を純粋な水で満杯にすると、体積1立方メートルの水の質量はちょうど１０００キログラム（1トン）になります。

図4−2

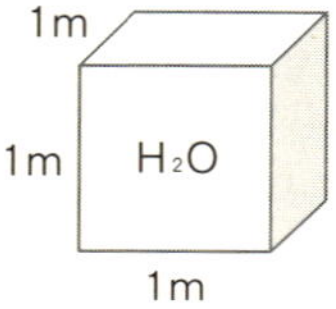

クォークが作りだす「強い力」の強さは地上で1トンの水を持ち上げる力に匹敵する。
この体積はクォーク1個の体積ではないので、くれぐれも間違えないように！
クォーク1個の体積はハッキリとはわからないが、現在の理論ではゼロとされている！

最重量級の重量挙げの選手でも、世界記録は300キログラムに達していませんから、1トンの水が入ったこの容器はとうてい持ち上げることができません。

ところが！　先ほどの強い力の最大値（二つのクォーク間の距離が10^{-15}メートルのときに働く力）を計算してみると、この1トンの水を持ち上げるのに必要な力に匹敵する大きさなのです。クォーク同士を結びつけている強い力はかくも強く、文字どおり「強い力」なのです。大きさをもたない点粒子であるクォークが作り出す力の巨大さに驚くとともに、その力を伝える真空の構造のふしぎさにますます興味がわいてきませんか？

「弱い力」と「弱い相互作用」

「強い力」の強力な引力によってその構造を保っている陽子や中性子（総称して核子）ですが、ときにその姿を変えて、原子核の「崩壊」現象を起こすものがあります。しかも、崩壊という何だかすごそうな名前の現象を起こすのが「弱い力」だというのです。いったい何が生じるのでしょうか？

　原子核が崩壊を起こすと、崩壊後の原子は別種の原子に変わってしまいます。原子の種類が変わるということは、原子核を構成している陽子の数に変化が現れることを意味します（原子核内の陽子の数が原子の種類を決定しているからです）。原子核が崩壊する際、その原子核からは「放射線」が放出されます。原子核の崩壊にはいくつかの種類がありますが、ここでは「ベータ崩壊」という現象を例に考えてみましょう。

　ベータ崩壊を起こすと、原子核内の一つの中性子が陽子に変容し、その結果、中性子が一つ減って陽子が一つ増えることになります。このとき、電子と「反ニュートリノ」（後出するニュートリノの反粒子です）が放出されます（原子核の中には電子も反ニュートリノも入っていませんから、これら飛び出していく両者は原子核が崩壊する際に創生されるのです！）。原子核から放出された電子や反ニュートリノは、放射線を形成する粒子です。

　このように、原子核がベータ崩壊を引き起こす力は「弱い力」と呼ばれています。「弱い力」も強い力と同様、原子核の内部にしか存在しません。原子核がベータ崩壊を起こすと、原子核内の一つの中性子が陽子に変わるのですが、こうしてみると「弱い力」というのは粒子同士を結びつける力というよりも粒子の種類を変えてしまう力ということになります。

「弱い力」を通して起こる原子核のベータ崩壊は「弱い相互作用」と呼ばれます。つまり、放射性物質を構成する核から放射線が出るのは、原子核内で起こる「弱い相互作用」の結果なのです。この「弱い相互作用」とヒッグス場との間のからくりを解き明かすことが本書の主題の一つですので、「弱い相互作用」については、のちほどもっと深く掘り下げて議論していきます。

暗黒エネルギー＝真空のエネルギー？

四つの〝自然の力〟の中で、最も弱いのが重力です。

素粒子とは桁違いにスケールの大きい太陽系や銀河など、現在の宇宙は「重力による相互作用」によって成り立っています。この重力には、電磁力とは違って引力のみで、反発力がないという特徴があります。その観点から話題になっている「暗黒エネルギー」について、簡単にご紹介しておきましょう。

現在の宇宙は加速膨張していることが判明しており、引力しかもたない重力以外の力、つまり、重力に逆らって宇宙を膨らませている何らかの力（反発力）が作用しているはずです。これが「暗黒エネルギー」ですが、その正体はまだわかっていません（だから〝暗黒〟なのです）。

ただし、〝有力候補〟は存在します。今や私たちになじみの深い存在となった本書の主人公「真空のエネルギー」です。たとえば風船を膨らませるのならば、風船の中に空気を送り込めばいいのですが、空気の存在しない真空空間である宇宙を膨張させるのに空気に頼るわけにはいきません。実は、「宇宙が膨張する」という際には、宇宙そのもの、すなわち真空そのものが膨張しているのです（その意味では、「宇宙の膨張」より「空間の膨張」のほうが正確な表現です）。

真空そのものが膨張しているということは、真空自身が新しい空間＝「真空」を次々と創り出していることになります。実際、現在の宇宙論によれば、宇宙全体の真空のエネルギーはどんどん増加しています（エネルギー密度は一定に保たれています）。この真空のエネルギー＝暗黒エネルギーならば話は早いのですが、現時点でははっきりしたことはいえません。

そこには、現在の物理学が直面している最大の問題の一つが横たわっているからです。この本で議論している「真空のエネルギー」は「場の量子論」に基づいており、場の量子論は量子力学と特殊相対性理論との組み合わせで成り立っています。一方、宇宙の構造に関して重要な役割をはたしている「重力」は「一般相対性理論」によって説明されています。

宇宙膨張の原因となる「暗黒エネルギー」を語るにあたっては、重力の理論が無視できないのですが、「真空のエネルギー」の理論には、まだ重力が含まれていないのです。「真空のエネルギー」と「暗黒エネルギー」を結びつけるためには、「量子重力理論」と呼ばれる重力の理論が欠かせませんが、残念ながらこの理論はまだ確立されていません。謎に満ちた者同士である二つのエネルギーの関係が解き明かされる日が楽しみですね。

さて、この宇宙にはさらに、普通の原子ではなく未知の物質からできている「暗黒物質」も存在しています。暗黒物質は光（電磁波）を発することも反射することもしないため、望遠鏡での直接観測は１００％不可能ですが、質量をもっていることから重力相互作用を起こします。暗黒物質による重力相互作用が銀河の形成に大きく関わっていることがわかっていますが、暗黒エネルギー同様、暗黒物質の正体もわかっていません（両者の関連性もまだわからない状況です）。

現時点で判明しているのは、宇宙の〝成分〟の72％を暗黒エネルギーが占め、23％が暗黒物質、原子からできている普通の物質はわずか４・６％で、残る０・４％がニュートリノであるということです。

弱い力は重力よりはるかに強い！

四つの力が出揃ったところで、重力の強さを基準として各力の強さの比較をしておきましょう。

素粒子レベルで働く重力の強さを1とすると、弱い力の強さはその10^{30}倍、電磁力の強さは10^{36}倍、強い力の強さにいたっては10^{38}倍にも到達します。強い力は電磁力の１００倍もあり、「弱い」という名称がついている弱い力でさえ、素粒子レベルでは重力をはるかに上回る強さをもっています。四つの力の強さには、文字どおり桁外れの差があるのです。どうしてこんなにも差があるのかは、まだ解明されていません。

日常生活でもなじみの深い重力と電磁力が二つの粒子の間に働く場合、その力の強さは2粒子間の距離の2乗に反比例します。離れれば離れるほど力は弱くなり、距離が無限大に〝達した〟時点でどちらの力もその強さがゼロになります。つまり、重力と電磁力はいずれも、力の到達距離（力の及ぶ範囲）が無限大ということになります。だからこそ、私たちは日々の暮らしにおいて、この二つの力を感ずることができるのです。

一方、前述のとおり、強い力と弱い力の到達距離は極端に短く、強い力の到達距離は10^{-15}メートル、弱い力の到達距離は10^{-18}メートルです。人間の感覚をはるかに超えるほどの短い距離で、これ以上離れると、二つの力の強さは立ちどころにゼロになってしまいます。〝糊〟と同じでくっつくほどの距離でないと効き目が出ないというわけです。このため、日常生活においては強い力も弱い力も、人間の感覚に訴えることがありません。

「荷」から「場」へ

自然界を構成する四つの力について詳しくわかったところで、いよいよ「真空を通して相互作用する＝力が働く」ことの本質に迫っていきます。先に「相互作用を引き起こす力の源は粒子自身に存在する」と指摘しました。粒子自身に存在する力の源とは何でしょうか？

ヒントは、「電荷」という言葉に隠されています。そう、「荷《か》」の存在です。この「荷」こそが、粒子自身に備わった力の源なのです。

力の種類によって「荷」も異なります。電磁力を生み出す「荷」は「電荷」です。強い力を生み出すのは「色荷《しきか》」で、弱い力は「弱荷《じゃくか》」から発生します。その伝で、重力を生み出すのは「重力荷」……といいたいところですが、〝重力荷〟に相当するのは「質量」です。重力は質量から生み出されます。

こうして「荷」から生み出される力が、どのようにして真空を通して伝わっていくのでしょうか？　ここに「場」の概念が登場します。力の元となる「荷」は、その粒子の周囲の真空に「力の場」を発生させるのです。「荷」によって発生した「場」は、真空の各点を占めます。「力を伝える場」は物体ではありませんから、場があっても真空は相変わらず真空です。

この「場」こそが、力そのものといえます。力は必ず方向をもっているので、場も方向をもっています。したがって「場」には、「強さ」の他に方向もあります（「ベクトル場」といいます）。二つの粒子の相互作用を考えるとき、それぞれの粒子はその周囲の空間に「場」を作り出し、この場が粒子と作用して粒子に力を及ぼすのです。相互作用する二つの粒子の一つ一つは、互いに相手の作った場にどっぷりと浸かっていて、相手の作った場から力を受け取っています。

力の種類に対応して、それぞれの「場」が存在します。電荷をもつ粒子はその周囲に「電磁場」を作り出します。クォークから構成されている陽子や中性子の内部では、「強い力の場」が発生しています。各クォークには、他のクォークのもつ「色荷」が空間に作り出した「強い力の場」が作用して力が働くのです。

放射性元素の原子核が放射線を出して崩壊する際には、「弱い力の場」を通して弱い力が伝わります。原子の構成要素である電子とクォークは、すべて弱荷をもっています（クォークは、電荷と色荷ももっています）。

物体のもつ質量は、その周囲の空間（真空）に「重力場」を作り出します。重力は「重力場」を通して真空を伝わります。たとえば太陽系では、太陽や惑星のもつ質量が、それらの周囲の空間に重力場を作り出しています。太陽系全体は目に見えない重力場に埋め尽くされており、その重力場が太陽、および地球を含むその他の惑星を、今いる空間内に〝押し込めて〟いるために、どの惑星も太陽系から逃げ去ることができないのです。

「場」はゲージ粒子に置き換えられる

粒子が「荷」を備えていて、その「荷」が「場」を生み出す。そしてその「場」を通して、力は真空を伝わっていく――。ならば、「場」の本質とは何なのか？　多くの読者の方が、このような疑問を感じていらっしゃることと思います。まったく奇妙なことですが、この「場」が再度、粒子へと置き換えられるというのです。まるで〝メビウスの環《わ》〟のような果てしない円環構造が待ち受けているのでしょうか？

量子力学の台頭からほどなくして、「場の量子論」が誕生しました。最初に現れたのが、朝永振一郎博士（１９０６～79）らによって築き上げられた「量子電気力学」です。量子電気力学は、電磁相互作用と相対論的量子力学を結びつけたものです。場の量子論においては、「力の場」は「ゲージ場」と呼ばれ、ゲージ場はすべて「ゲージ粒子」と呼ばれる粒子に置き換えられます。

ふたたび、二つの粒子の間の相互作用を考えましょう。それぞれの粒子が周囲の空間に「場」を作りますが、場の量子論によれば、このとき、どちらの粒子からも「力を伝達する粒子」が飛び出します。この力を伝達する粒子が「ゲージ粒子」です。

つまり、粒子のまわりにはその粒子によってゲージ場（力の場）が発生しますが、その場は「ゲージ粒子」に置き換えられるのです。場の量子論に従えば、それぞれの粒子から飛び出たゲージ粒子が二つの粒子の間で交換されることによって相互作用が起こるということなのです。相互作用にあずかる〝粒子〟はいずれも何らかの「荷」をもっていますが、その〝荷〟からゲージ粒子が発生したり吸収・消滅したりするのです。

ここでは、素粒子間の相互作用を考えます。素粒子とは、内部構造をもたない〝点〟のような粒子です。したがって、二つの粒子Ａ、Ｂはそれぞれ「荷」をもっていても、〝ゲージ粒子〟な

図4－3

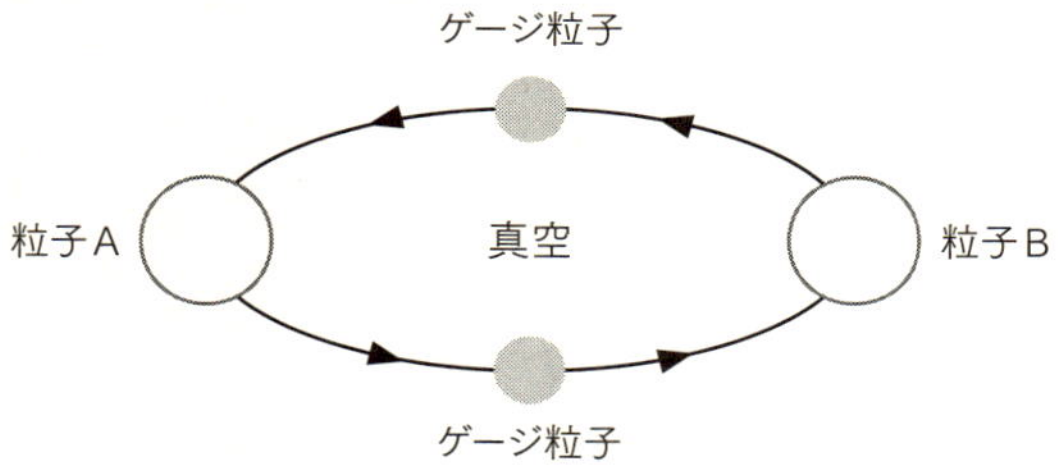

ゲージ粒子は粒子Aの中にも粒子Bの中にも存在していない。「場の量子論」によれば、ゲージ粒子は「創生」と「消滅」を繰り返している。ゲージ粒子は仮想粒子である

ゲージ粒子の交換によって、粒子Aと粒子Bの間に相互作用が生ずる

る粒子は粒子Ａ、Ｂいずれの中にも存在していません！　ゲージ粒子はあらかじめ存在するのではなく、二つの粒子Ａ、Ｂから生成されたり消滅したりするのです（図４－３）。

たとえば、粒子Ａ、Ｂが電子のような荷電粒子の場合には、光子というゲージ粒子（そう、光子もゲージ粒子なのです！）が二つの電荷の間を〝往来〟することで「電磁力」が〝運搬〟されます。「強い力」の場に対応するゲージ粒子はグルーオンで、「弱い力」を運ぶゲージ粒子にはW^+ボゾンとW^-ボゾン、そしてZボゾンの３種があります。「重力」を運ぶゲージ粒子は「重力子」です。

「ゲージ粒子の交換」とキャッチボール

ゲージ粒子の交換を具体的にイメージしていた

だくために、二人の少年がキャッチボールするようすにたとえてみましょう。まず、ボールをもっているA君がB君に向かってボールを投げます。投げる瞬間、その反動によってA君は後ろ向きに力を受けます。A君からのボールを受け取ったB君もまた、受け取った瞬間に後ろ向きに力を受けます。B君がA君にボールを投げ返すときも反動による力を受け、そのボールをA君が受け取るときも後ろ向きに力を受けます。

ボールをお互いに投げ合うことによって二人の少年が〝反発力〟を受け、相互作用しているようすを、ある観測者がヘリコプターに乗って上空から眺めているとしましょう。高度が高いため、ヘリコプターからはボールは見えません。ヘリコプター上の観測者には、二人の少年の間に空間を通して（物理的接触なしに）反発力が働いているようすだけが見えることになります。

ここで最も重要なことは、それぞれの少年が力を感ずるのは、ボールを投げた瞬間とボールをキャッチした瞬間だけだということです。ボールが空間を飛んでいる最中は、二人の少年が力を感じることはありません。

ゲージ粒子の交換でも、まったく同じことがいえます。相互作用している粒子が力を感ずるのは、ゲージ粒子が発生した瞬間とゲージ粒子を吸収した瞬間だけなのです。ただし、キャッチボールのたとえとは、根本的に異なる点が存在します。それは、キャッチボールに使われるボールは「創生」されたわけではなく、初めから存在していたものであるということです。ボールには、「創生」も「消滅」も起こりえません。一方のゲージ粒子は、「創生」されたり「消滅」したりします。

結論としていえることは、「粒子間」の相互作用は、いずれもゲージ粒子の交換によって生ずるものであるということです。力を運ぶゲージ粒子は相互作用する二つの素粒子から「創生」または「吸収・消滅」されるので、あたかも交換されるように見えるというわけです。

ところで、「創生」あるいは「吸収・消滅」と聞いてピンと来た人は、もうかなり「真空のからくり」に精通してきています！　実はゲージ粒子は、「不確定性原理」によって許される時間内のみ存在できる、観測不可能なあの粒子、すなわち「仮想粒子」なのです。すべてのゲージ粒子は仮想粒子であり、見方を変えれば、粒子から発生したたくさんの仮想粒子（ゲージ粒子）が「場」（ゲージ場）を形成しているともいえます。

一方、仮想粒子（ゲージ粒子）を放出したり吸収したりする側の粒子（図４－３でいえば粒子Ａ、Ｂ）は、「フェルミ粒子」と呼ばれています。フェルミ粒子には、電子やクォーク、ニュートリノ、陽子や中性子が含まれ、物質を構成している粒子の一群です。

二つのフェルミ粒子の間で相互作用が発生する（＝力が働く）とは、一方のフェルミ粒子から仮想粒子（ゲージ粒子）が発生（生成）し、その仮想粒子がきわめて短時間のうちにもう一方のフェルミ粒子に吸収（消滅）され、これとまったく同じことが逆の方向にも起こることです。一連の流れをまとめておきましょう。

真空→力の場→ゲージ場→ゲージ粒子の交換→相互作用

問題は、二つのフェルミ粒子が真空を通して相互作用している間、私たちは決してそのようすを観測することはできないということです。絶対に観測できない現象について、何が起きているのかを知るためには「数学的な手段」に訴えるしかありません。そのようにしてできあがったのが「場の量子論」であり、この理論の追究の結果、相互作用は仮想粒子の交換によって生じているという結論に達したのです。

不確定性原理に従う仮想粒子は、十分なエネルギーがなくとも一つの粒子から発生してもう一つの粒子に吸収（消滅）され、この間、エネルギーは保存されていません。エネルギー保存の法則が破られる結果、ゲージ粒子（仮想粒子）の質量が相互作用する粒子自身の質量よりもはるかに大きい場合がありえます。ただし、相互作用全体で見ると、エネルギーは確実に保存されています。

相互作用における仮想粒子の出現は、数学的解析の結果を物理的に解釈したものであるといえ、こうして見てくると、現在の理論物理学の主体は「相互作用の研究」といってもよいのではないかと思います。

相互作用の「瞬間」をとらえるファインマン図

真空を通して行われる相互作用＝ゲージ粒子の交換は、仮想粒子による瞬時の現象ですから、決して観測することはかないません。この観測不可能な現象のプロセスをきわめてわかりやすく図式化できる手段として、「ファインマン図」をご紹介しましょう。

84ページで登場したリチャード・ファインマンの構想によるファインマン図は、〝時空〟に描かれた図です。3次元の空間はx軸、y軸、z軸の三つの直交する座標系（空間軸）で表され、ファインマン図は本来、これに時間軸（t）を加えた「4次元時空」（x、y、z、t）で構成されます。ただし、ここで議論しているような粒子の位置を表すには、x軸上のどの点にあるかだけを考えれば十分です。本書では、図4-4に示すような縦軸に時間t、横軸に位置xをとったファインマン図を使用することにします。

さて、粒子が1ヵ所に静止してまったく運動していなくても、時間は静止することなくどんどん過ぎ去っていきます（私たち人間も、じっとしていても年をとります！）。したがって、静止している粒子のファインマン図は時間軸（縦軸）に平行な1本の縦線で表されます（図4-4左）。

また、一定速度で平面上（x軸上）を動いている粒子は、粒子の位置と時間が同時に増えてい

図４－４

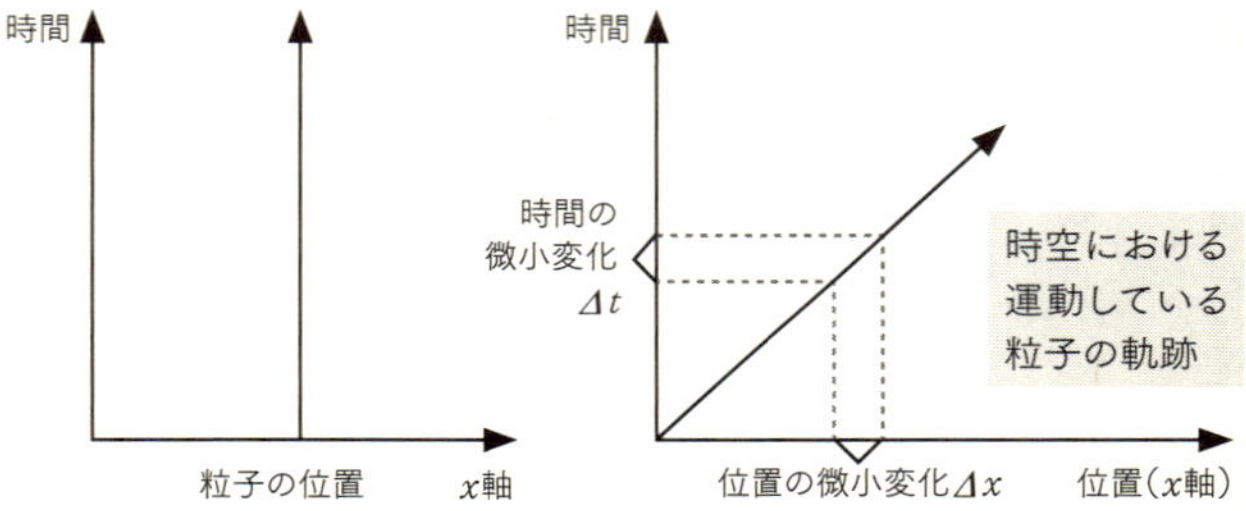

静止している粒子の状態を表す線。静止している粒子はいつまでも同じ場所にいるが、時間はどんどん増えていく（どんどん上にいく）

一定速度で走っている粒子のファインマン図。粒子の位置はつねに変化している。このグラフの「勾配$\Delta t / \Delta x$」はスピードの逆数を表す。勾配が大きいほどスピードは小さい

くので図４－４右のようなファインマン図になります。直線の勾配の逆数（１／勾配）はスピードを表し、勾配（傾き）が小さいほどスピードは大きくなります。

ところで、二つの粒子がx軸上を反対方向に一定スピードで互いに近づくように走り、正面衝突して相手を突き飛ばした結果、互いに反対方向に衝突前と同じスピードで走り去る衝突現象を考えてみましょう。衝突現象を真上から観測すると、図４－５のように表されますね。ファインマン図では、図４－６のように描けます。

図４－５と見比べると、実際の衝突現象とはずいぶん印象が変わってしまいます。これからわかるように、ファインマン図は実際に目に映る衝突現象をそのままトレースしたものではありません。ファインマン図では時間が下から上に向かっ

図４－５

実際の観測に基づいて描かれた正面衝突の図

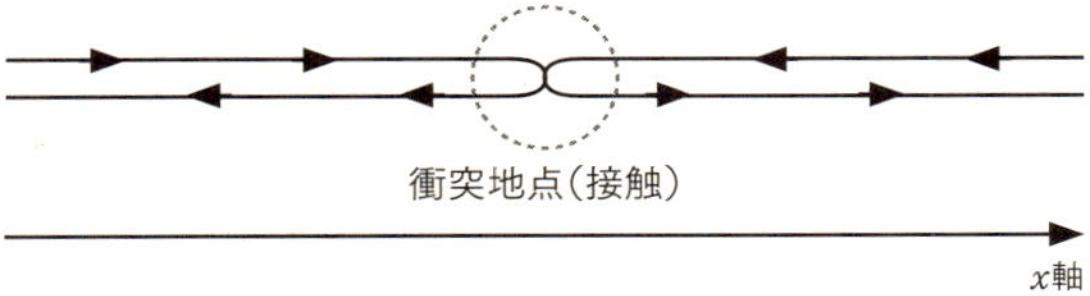

て流れていますから、時間が経つにつれて二つの粒子がどんどん近づいていき、ある時刻（図４－６中のt_c）において衝突し、その後は時間が経過するほど互いに離れていきます。

　ファインマン図の利点は、時間軸が存在するおかげで、瞬間瞬間における個々の粒子の位置が克明にわかることです。つまり、二つの粒子の過去の状態（図の下側に描かれる）、現在の状態、そして未来（図の上側に描かれる）がすべてわかります。

　一方、一定速度で走る「反粒子」の運動状態をファインマン図で表すと、図４－７のようになります。あれっ、先ほどの説明とは反対に、矢印が下側に向いていますね。現在から過去に向かって粒子が走っている？

「反粒子」という〝概念〟はもともと、「相対性理論」にマッチした量子力学を築き上げる際に必然的に出てきたものです。相対性理論によれば、まったく同じ粒子でもプラスのエネルギーをもつ状態とマイナスのエネルギーをもつ状態が考えられ、前者が通常の粒子、後者がその粒子の反粒子になります。このため、反粒子は、元

図4－6

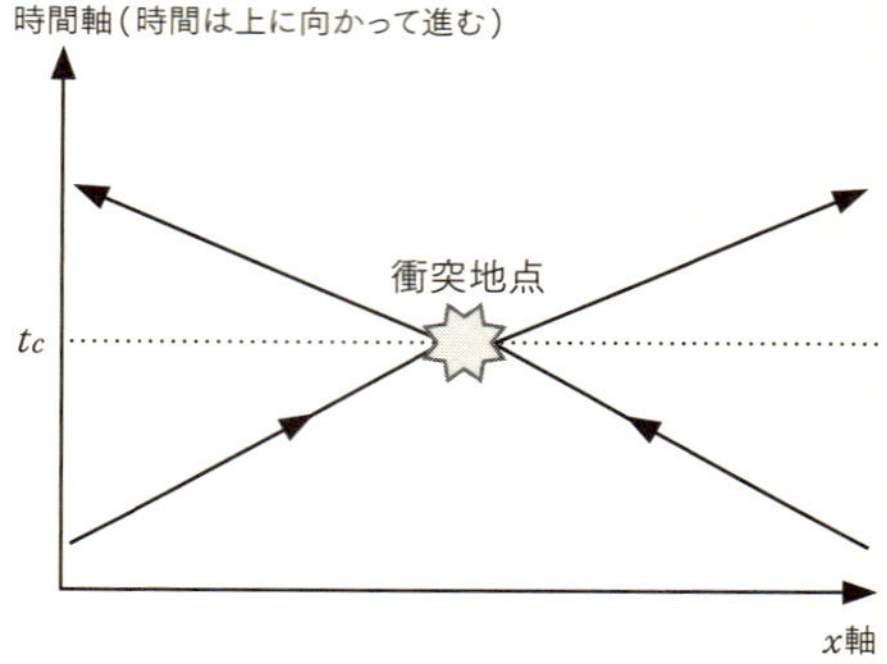

ファインマン図では粒子はつねに線（直線）で表され、
線が折れ曲がる点で相互作用が起こる。
この場合の相互作用は接触を通して起こる衝突現象

の粒子とは電荷の符号が逆になっています。

　マイナスの電荷をもつ電子の反粒子＝「陽電子」の電荷はプラスです。「陽電子」は宇宙線の中で実際に観測されており、その他すべての反粒子も、架空の粒子ではなく実在可能な粒子であることが実験的に確かめられています。

　さて、反粒子はなぜ、ファインマン図上で時間を逆行するのでしょうか？

　たとえば、-4×2と$4\times(-2)$はいずれも-8で、プラスとマイナスを入れ替えても結果は変わりません。ファインマンはこの点に着目して反粒子のマイナスエネルギーをマイナスの時間に置き換え、その代わりにエネルギーをプラスにして扱うことを考案しました。マイナスの時間は、すなわち「時間の逆行」（未来→現在→過去）を意味します。この結果、ファインマン図では反粒子は時間を逆行するように描かれることとなりました。

もちろん、実際に観測されている反粒子、たとえば陽電子は時間を逆行するなどということはなく、普通の電子と同じように時間を〝順行〟します！　ファインマン図においては、「反粒子」であることを強調するために時間を逆行するように描かれているのです。そうすることで、「粒子」の運動と「反粒子」の運動がハッキリと区別できるからです。いずれにしても、ファインマン図では素粒子は〝点〟で表されるのではなく、〝線〟で表されることに留意してください。

図４－７

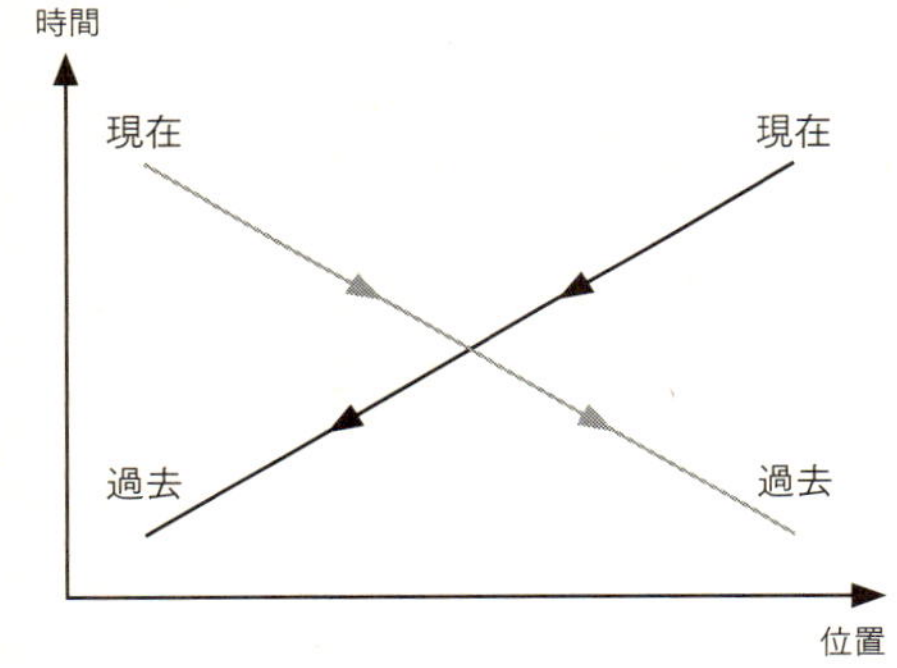

時間を逆行する「反粒子」の運動（時間が減っていく！）

相互作用は観測できない

ある適当な荷電粒子加速装置を用いて二つの電子を反対方向に加速させ、互いに近づくようにします。いったん走り出したら、加速装置を外しても二つの電子は慣性で互いに近づこうとします。

二つの電子が互いに近づこうとすると、マイナス電荷同士の間に働く電気反発力が生じ、近づくにつれてだんだん減速されていきます。結果として、実

図4－8

電気反発力のため衝突が起こる前に瞬間的にストップし、回れ右（左）して反対方向に加速されていく。電気反発力のために物理的接触による衝突は起きない。近づいているときは減速で、ストップした後、反対方向に離れていくときは加速される。これが古典物理による電磁相互作用である

際に衝突する前に、二つの電子はともに瞬間的に停止します。それ以降は元来た道を逆戻りし、電気反発力によって反対方向に加速されてどんどん離れていってしまいます（図4－8）。

このようすを「場の量子論」にしたがってファインマン図に描き直すと、図4－9のようになります。交換されるゲージ粒子（この場合は仮想光子）は、波状の線で表されます。

二つの電子は当初、互いに近づいていきますが、ある時点で仮想光子の交換が起こり、そこで互いに退け合って離れていきます。ファインマン図では、ある特定の場所で特定の時間に電子Aが仮想光子（ゲージ粒子）を創生・放出し、電子Bが同じ時刻にその光子を吸収・消滅するように描かれています（電子Bから電子Aに対しても、同様のことが起こります）。波状の仮想光子はx軸に平行に描かれており、すなわち仮想光子が現れた瞬間は時間が止まっていることを示しています。これは、仮想光子が二つの電子間（真空）で瞬時に交換されているという意味です。

近づいたとはいっても二つの電子は接触していないのだから、

図4−9

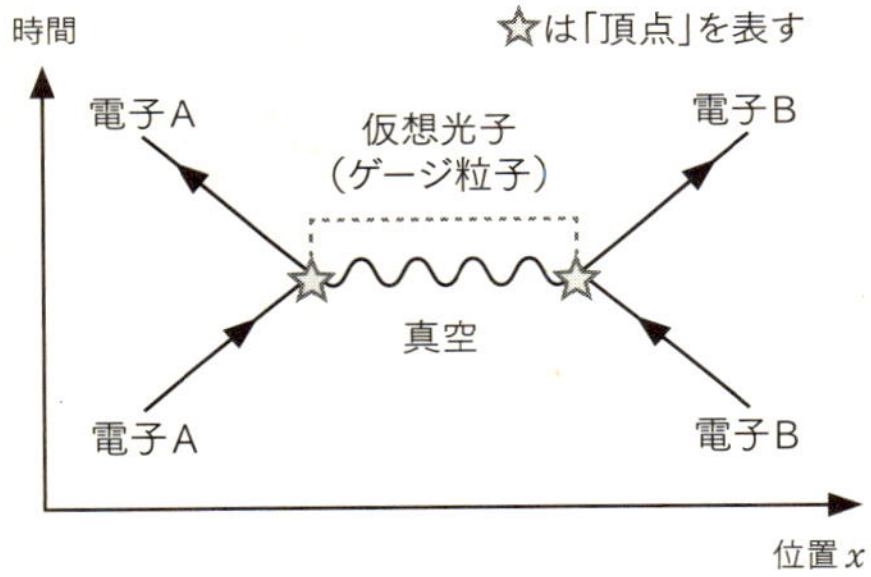

電子Aと電子Bが光子（ゲージ粒子）を交換することによって相互作用する。波状の線がゲージ粒子を表す（交換されるという意味で矢印をつけない）

時間が止まって見えるほど瞬時に交換されることがありうるのだろうか？——こんな疑問の声が聞こえてきそうですが、絶対に観測できない仮想光子ですから、不確定性原理に従って速度が無限大であっても構わないわけです。もちろん実際には、相互作用は連続的に起きているはずですが、複雑さを避けるために、このファインマン図では便宜上、ある1点で瞬間的に相互作用が起こるように描かれています。それで十分に相互作用のプロセスを表すことができるからです。

各電子が「電磁力」を感ずるのは、図中に星印（☆）で表された「頂点」においてです。電子が光子を交換する点を「頂点」と呼び、ここでゲージ粒子（この場合は仮想光子）の発生や消滅が起こります。先の、キャッチボールを楽しむ二人の少年の例でいえば、ボールをキャッチした瞬間と投げた瞬間が「頂点」にあたり、その瞬間だけ力を感ずるということです。その力が作用した結果、「頂点前」と「頂点後」では電子の運動状態が変わってしまいます（図4－9のように、電子の線が頂点を境に折れ曲がるのです）。

電子対創生と電子対消滅

前章までに紹介してきた粒子とその反粒子に生じる相互作用が、ファインマン図でどう描かれるのか、いくつか見ておきましょう。

粒子とその反粒子は「対」をなし、電子と陽電子は「電子対」を形成します。電子と陽電子が接触するとどちらも消滅してしまい、そこに光子が現れます（電子対消滅）。その光子はふたたび電子と陽電子に分かれます（電子対創生。61ページ図2－1参照）。

詳しい説明は省略しますが、光子（量子化された電磁波）が消滅して電子対が創生されるためには、運動量が保存されるよう、その近くに原子核のような運動量を受け取る物体が存在しなければなりません。電子対創生は、仮想光子ではなく実の光子に起こります。

一方、電子対消滅が起こる際には、電子対の運動量がゼロになるように、実の電子と実の陽電子が正面衝突して消滅した地点に、必ず二つの実の光子が現れます。電子対消滅前の運動量がゼロだったのですから、運動量保存の法則の要請により、電子対消滅後の運動量もゼロでなければならないからです。もし光子が1個だけしか発生しなかった場合、光子は運動量をもっているため消滅後の運動量がゼロにならず、運動量保存の法則が破られてしまいます。運動量が保存されるためには、二つの光子が発生して互いに反対方向に飛んでいかねばならないのです。一方の光子がプラスの運動量をもち、反対側に飛んでいくもう一方の光子がマイナスの運動量をもつので、プラスとマイナスが相殺されて電子対消滅後の運動量はゼロとなり、運動量が保存されます。

図4－10

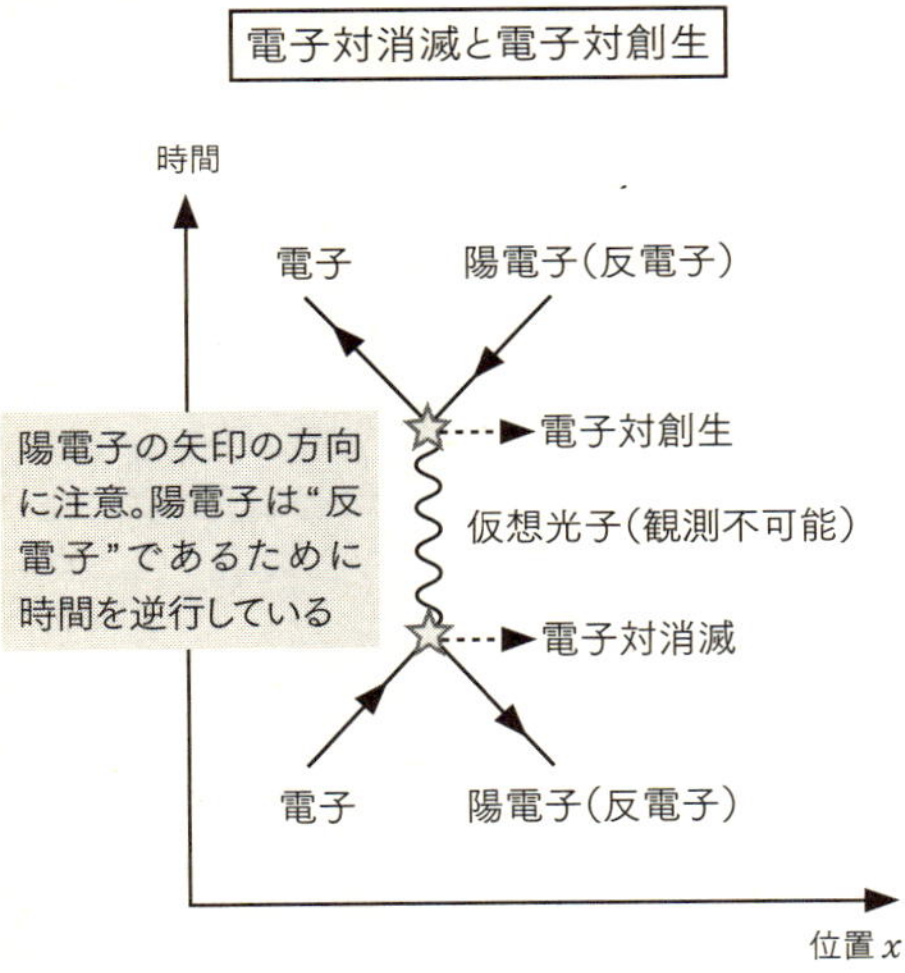

　そこで今、電子と陽電子が互いに近づくように高速（つまり運動エネルギーが大きい状態）で一直線上を反対方向に走り、衝突する現象をファインマン図で考えてみます（図4－10）。

　衝突する寸前には、電子と陽電子は「電子対」になっています。エネルギーが大きいために衝突した瞬間に電子対は消滅し（電子対消滅）、そこに不確定性原理によって許される短い時間だけ存在しうる、速度をほとんどもたない仮想光子が1個現れます（観測不可能なこの仮想光子が存在する

図4－11

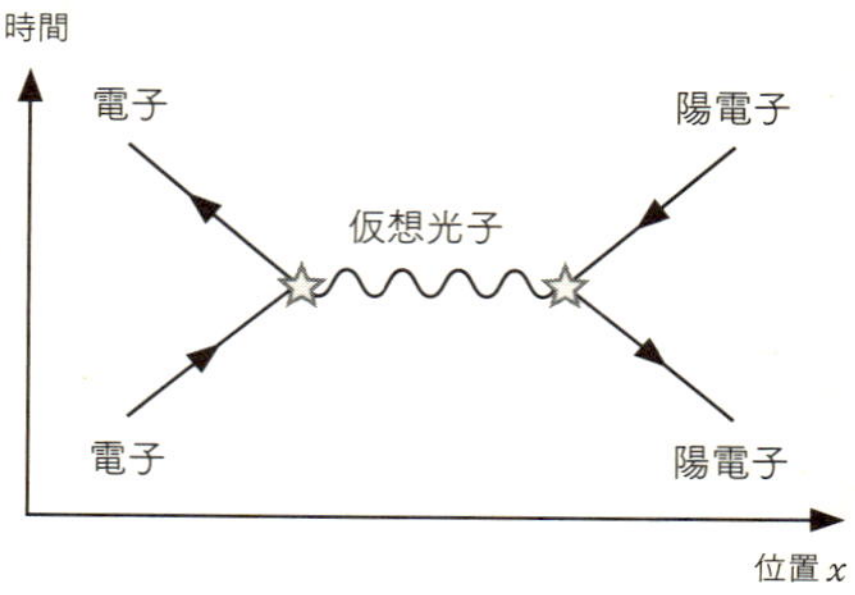

のはあまりにも短い時間であるため、同じ場所にじっとしているると考えてもいいでしょう。つまり、その運動量はゼロでかまいません）。

この仮想光子は、すぐにもふたたび電子と陽電子からなる電子対を形成します（電子対創生）。電子対創生後は、電子と陽電子は一直線上を互いに反対方向に離れていきます（念のため、時間軸をもつファインマン図では一直線上には見えません）。これにより、電子対消滅直前と消滅直後では運動量が保存されています。

「電子対創生‐消滅」の現象は、離れた粒子間に働く「相互作用」とは異なるので、そこに一時的に〝現れる〟仮想光子は「力を伝達するゲージ粒子」ではないのでは？……と思われるかもしれません。確かに、衝突することなく一定の距離が離れた電子と陽電子が電磁相互作用する場合には電子対消滅は起こらず、両者の間で仮想光子の交換が行われます（図4‐11）。この場合は、図4‐10のような「電子‐陽電子」対の消滅・創生は起こらず、相互作用の前後で電子は電子のまま、陽電子は陽電子のまま変化しません。

図4－12

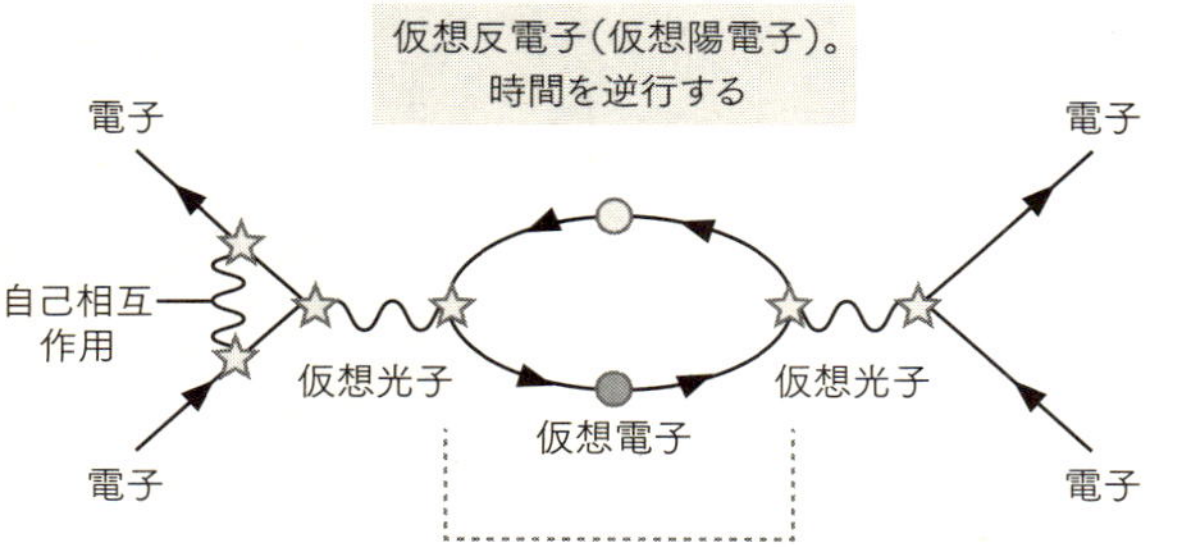

この閉じた卵形のループは仮想電子対を表す。☆は「頂点」を表す

真空を攪乱する仮想粒子

図4－9や図4－11のファインマン図で表された電磁相互作用は、二つの電荷の間で仮想光子（ゲージ粒子）が交換されることによって相互作用が起こることを示しています。このようなシンプルな相互作用が起こる確率が最も高いのですが、真空はこの他にも、実にさまざまな〝いたずら〟を起こしています。宇宙を埋め尽くす全空間（それはもちろん真空です！）に、いずれも観測不可能な「仮想粒子」や「仮想粒子－仮想反粒子対」がひんぱんに出没しており、無限ともいうべき多種多様な現象が生じているのです。

図4－12を見てください。これまでに比べ、ぐっと複雑なファインマン図が登場しました。最も困る真空のいたずらは、仮想電子と仮想陽電子の作る「仮想電子対」です。図4－12では、中央のループとして仮想電子対が描かれて

います。左側の電子から出た（創生された）仮想光子が仮想電子対の卵形のループを作り、すぐまた仮想光子に戻って右側の電子に吸収されて消滅します。実はこのループは、第1章で登場した「真空偏極」を表しています。

20ページ図1－2に示したように、真空偏極を模式的に描くと、電子のまわりに仮想電子対が群がっています。ファインマン図による真空偏極では、仮想陽電子が時間を逆行し、電子が時間を順行するようすを描きにくいため、仮想陽電子が右から左に向かう方向を時間逆行としています。

また、図4－12の左端には、一つの電子から出た仮想光子がふたたび同じ電子に吸収される「自己相互作用」も描かれています。自己相互作用が生じると余分なエネルギーが生み出され、$E=mc^2$を通じて電子の質量を増大させます。どのくらい増大するかは確定できず、無限大も含まれます。

このように、仮想粒子の存在は相互作用をきわめて複雑にします。先ほど最も生じる確率が高いとお話しした図4－9や図4－11のファインマン図で表された電磁相互作用は、あくまで1次的な相互作用にすぎず、仮想粒子の〝いたずら〟によって2次、3次、4次、5次、……の相互作用が存在するのです。

図4－9や図4－11に示した相互作用の発生確率が高いのは、ただ一つのゲージ粒子の交換に

図4－13

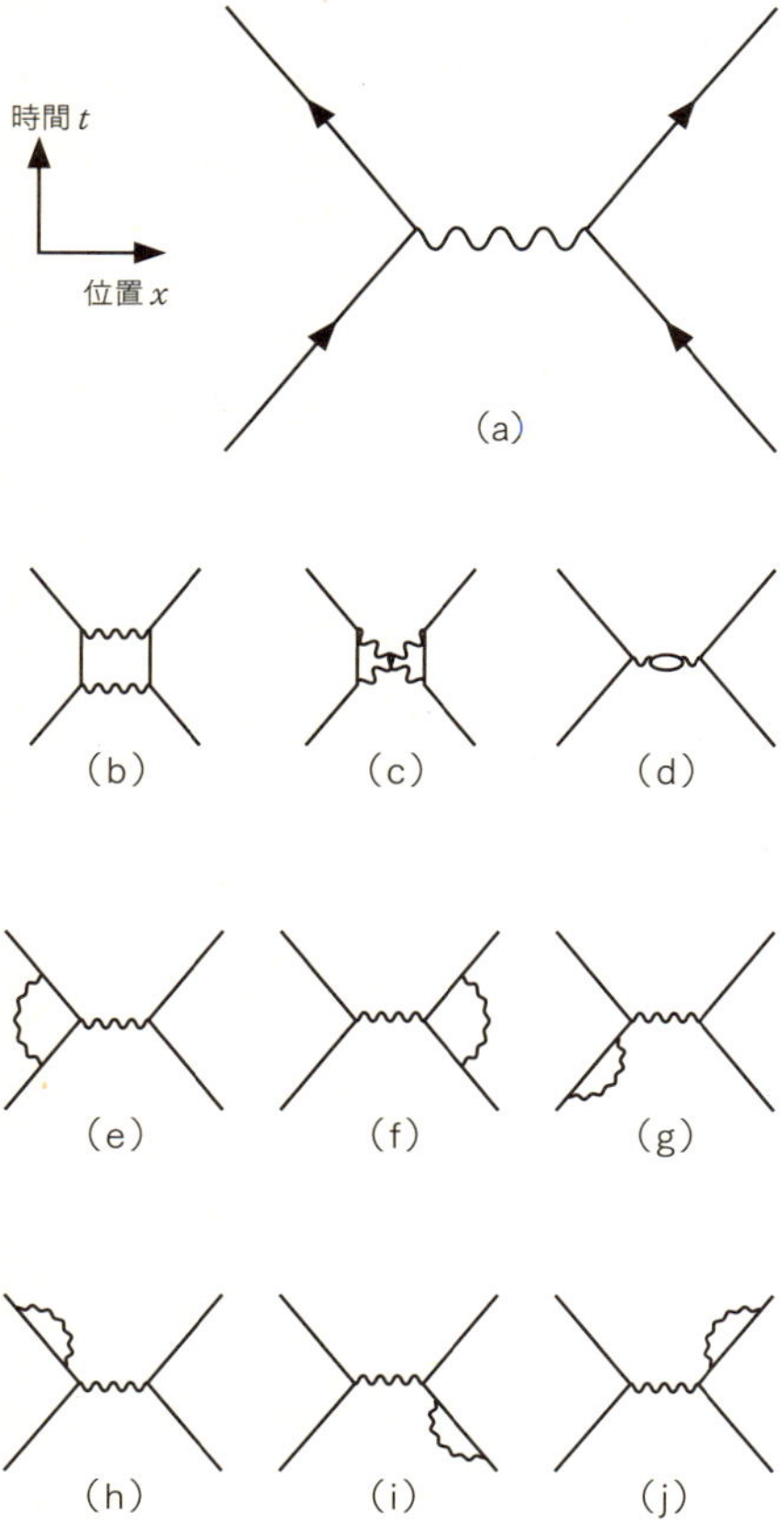

観測不可能な中間状態の数は無限大！

よるものだからです。２次、３次、……の相互作用では関わる粒子の数が増え、ファインマン図における頂点の数も増えて、きわめて複雑になっていきます（図4－13）。仮想粒子は、まさに神出鬼没の存在であり、真空を攪乱《かくらん》する張本人なのです。

無限大という悪夢

図4－13のように2次、３次、……、と複雑な相互作用が起こる確率を計算すると、そこには物理学が徹底して嫌う「無限大」が登場してしまいます。すなわち、発生確率が１００％以上となり、まったくナンセンスな事態が生じてしまうのです。

図4－13では相互作用(a)が起こる確率が最も高く、(b)、(c)、(d)、……と複雑になるにつれて発生確率が減少していきます。二つの電子間で起こる相互作用の確率は、これらすべてを足し合わせたものになるのですが、なぜ無限大が避けられないのでしょうか?

先ほど、「最も困る真空のいたずらは、仮想電子と仮想陽電子の作る『仮想電子対』」であるとご説明しました。図4－12に示した仮想電子対の卵形ループです。この〝いたずら〟が無限大を生み出します。仮想電子－仮想陽電子の対において、仮想光子の運動量は仮想電子の運動量と仮想陽電子の運動量に分配されます。その分配のされ方は、運動量が保存されさえすれば、どんなものでもよいわけです。

方向をもつ運動量は、プラスにもマイナスにもなりえます。たとえば、仮想陽電子の運動量がプラスの場合には、仮想電子の運動量はマイナスとなります。図4－14では、仮想光子の運動量を5としてあります。運動量は必ず保存されるので、ループを形成している仮想電子対の運動量

図4－14

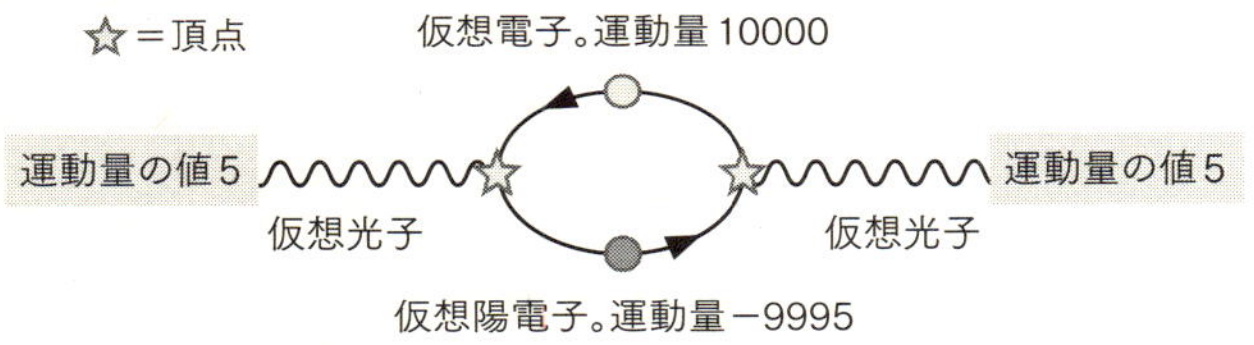

も合計で５となります（実際にはさまざまな値をとりえます）。

図４－14のループにおいては、仮想電子の運動量が１００００、仮想陽電子の運動量がマイナス９９９５で、合計の運動量は５になっています。仮想電子の運動量が１００兆の場合の仮想陽電子の運動量は、５から１００兆を引いたマイナスの値になります。

このように、仮想電子と仮想陽電子のもつ運動量の合計の値が５になってさえいれば、仮想電子対のループ内においては仮想電子も仮想陽電子もどんな値の運動量でももちえます。そう、無限大の値でさえ！　さらに、このようなループはいくつも発生しています。なにしろ「見えない」のですから、ありとあらゆる可能性が考えうるのです。

卵形のループが無限大を含むどんな値の運動量も取りうることから、二つの電子に起こる相互作用の反応確率は、どう計算しても無限大になってしまうのです！　こうして、〝真空のいたずら〟はやっかいな無限大問題を引き起こします。

「裸の電子」と「着衣の電子」

観測不可能な相互作用の発生確率が無限大になる……。このやっかいな問題にどう取り組めばいいのでしょうか？　途方に暮れてしまいそうですが、理論物理学は、これら一連の相互作用（図4－13）が決して観測されることはないという点に着目して、大胆な解答を導き出しました。それが、「繰り込み理論」です。

互いに相互作用している一方の電子から他方の電子を見た場合、相手の電子は真空偏極などによってたくさんの仮想電子対の雲に覆われており、あたかも「衣」をまとっているように見えます。厚い衣の中心に電子がいるわけですが、この電子のことを「裸の電子」と呼ぶことにします。図4－12のように二つの電子間の電磁相互作用を表したファインマン図における、右側の電子（裸の電子）だけに改めて注目してみましょう（図4－15）。

〝もの〟を見るためには、その〝もの〟に光（エネルギー）を当てて、光とその〝もの〟との反応を観測します。今、電子の電荷を測定するために測定器から光を出して、その電子に当ててみます。光は電子と単純な相互作用を引き起こしますが、実際には、単純な相互作用以外にも真空のいたずらによって複雑な相互作用が生じており、その結果、右側の裸の電子の周囲には観測不可能なたくさんの仮想光子や仮想電子対が発成・消滅を繰り返し、「衣」を形成しています。

図4－15

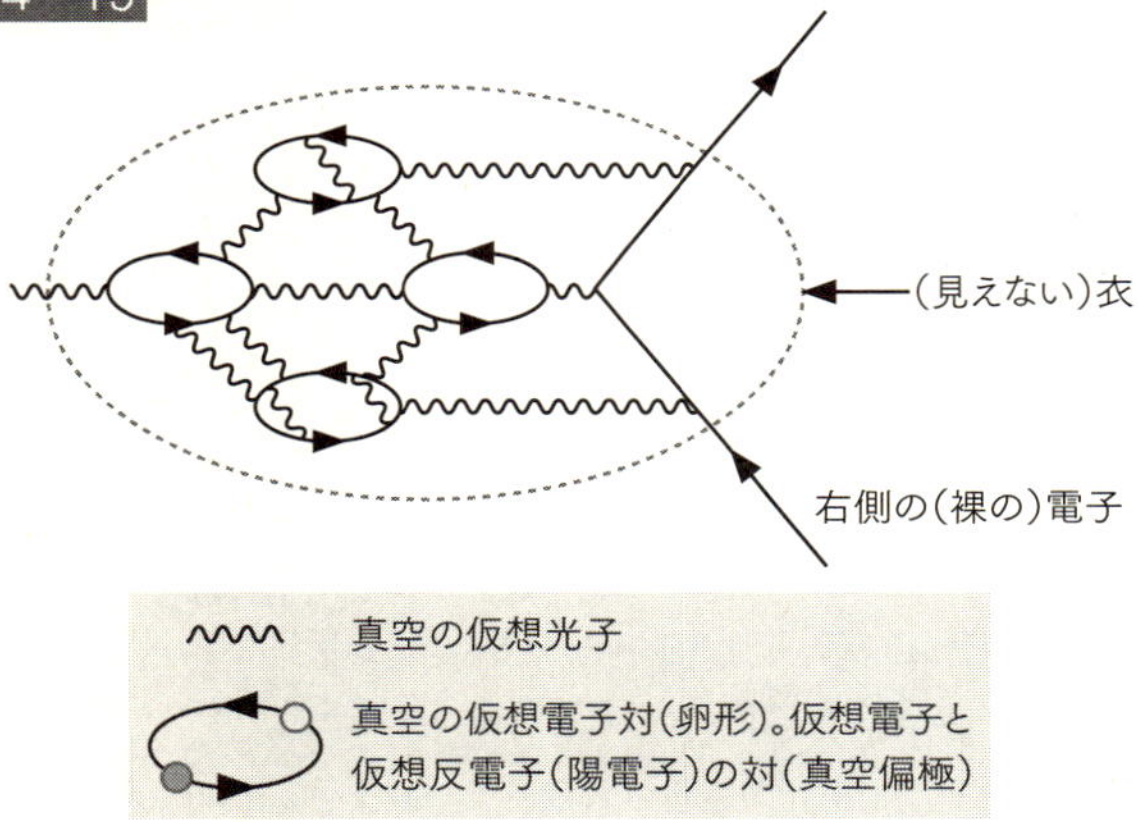

これらの仮想粒子は真空で発生・消滅を繰り返している。点線で囲まれている部分が「衣」をなす。まったく同じような図が左側の電子に対しても描かれる

Bruce A. Schumm,『DEEP DOWN THINGS』より改変

図4－15において、点線で囲まれた部分がその「衣」を示し、測定器には「衣」まで含めた全体の電荷しか〝見えません〟。決して観測することのできない衣を形成する仮想電子対による閉じたループなどのために、測定器はつねに「衣」と「裸の電子」を合算して観測することになります。このことを考慮せずにファインマン図で表されたすべての相互作用を単純に足し合わせると、測定器が測定する電子の電荷が無限大になってしまうのです。同時に、電子の質量も無限大になってしまいます。

　しかし、現実問題として実際に観測される電子の電荷や質量は有限の値をもっており、電磁相互作用が起こる確率も1

００％よりもはるかに小さく、いずれも無限大になどなっていません。つまり、

衣＋裸の電子＝実際に観測される電子の質量および電荷

になっているのです。ふしぎなことだと思いませんか？　実際に観測される電荷や質量は、実は裸の電子のもつ電荷や質量ではないのです。ここに、「繰り込み理論」が誕生する契機があります。どうせ観測できない裸の電子なのだから、衣が無限大の電荷や無限大の質量を与えるのなら、これらの無限大が打ち消されるように裸の電子に無限大を繰り込んでやろうと考えたのです。

ところで、無限大に１００を足しても1億を足しても無限大であることはすぐわかると思いますが、無限大から１００億を、いや１００兆を差し引いたらその残りがいくつだかわかりますか？　１００兆もの大きな値を引いてしまったら、さしもの無限大もいくらか減るだろう。そう考えてしまいそうですが、答えは無限大です。無限大とはそういうものなのです。

無限大＋１００＝無限大（右辺は正確に無限大）

無限大－１００兆＝無限大（右辺は正確に無限大！）

つまり、

無限大－有限値（たとえば37・5）＝無限大

ということになります。左辺の「有限値」を右辺に、右辺の「無限大」を左辺に移項すると、

無限大－無限大＝有限値

となります。どこかで見たことがありますね。そうです、カシミールの力を生み出す無限個の定常波の話で出てきたものとまったく同じです（110ページ参照）。

　左辺において、最初の無限大から引かれる二つめの無限大に、「無限大にされた裸の電子の電荷および質量」が〝繰り込まれて〟いるのです。裸の電子を取り巻く真空のいたずら（仮想光子や仮想電子対）によって生じた新たな電荷や質量（＝衣）が無限大になってしまうため、裸の電子の電荷と質量も無限大にしてしまえ、というちょっと乱暴な？（けれども実に卓抜な）手法です。この結果、全体の正味の電荷と質量は、

無限大の電荷－無限大の電荷＝実際に観測される有限の電荷

無限大の質量－無限大の質量＝実際に観測される有限の質量

となります。背後に相当に複雑な数学が潜むこのような操作が「繰り込み理論」であり、実際に観測される電子の電荷（衣＋裸の電子）には無限大が繰り込まれているのです。

　ところが、この仮想粒子たちに取り囲まれている（つまり衣をかぶった）裸の電子に向かって高速度で走るきわめてエネルギーの高い「検出用のもう一つ別個の電子」を近づけていくと、面白い現象が起こります。検出用の電子が衣をかき分けて衣の中に入り込んでいき、そこにある裸の電子に近づいていくと「衣＋裸の電子」の合計の電荷がどんどん増えていくのです。これは、

裸の電子に近づいていくことで「衣の効果」がしだいに薄れ、逆に衣の中心にある裸の電子の「無限大の電荷の効果」が大きく効いてくるためです。もちろん検出用の電子も衣をかぶっていますが、このような効果が起こるのです。

つまり、遠くから眺めているぶんには、どの電子の電荷も実際に観測される電荷になっていますが、裸の電子にどんどん近づいて至近距離になると、その電子の電荷量は増加してしまうのです。これが朝永博士らによって築き上げられた「量子電気力学」からの帰結です。量子電気力学以前の物理学では、電子のもつ電荷は一定で、距離によって増減などしないとかたく信じられてきましたが、量子電気力学の出現によってその〝信仰〟は覆されてしまったのです。

実の粒子が起こす相互作用には、仮想粒子たちの複雑な働きが関わっており、これを無視することができないために「繰り込み理論」は登場しました。朝永振一郎博士は、量子電気力学におけるこの繰り込み理論の功績によって、ノーベル物理学賞を受賞しています。

真空はディラックをも欺いた！

ところで、読者のみなさんの中には、こんな疑問を抱いた人がいるかもしれません。

――観測不可能（どうせ見えない）なら、ややこしい計算をして「繰り込み」など考えずに、最初からないことにしてしまえないの？　だって〝仮想〟の話なんでしょ？　と。

確かに、すべての仮想粒子は決して観測されることなく、したがって仮想粒子が実の電子などの実際に観測されうる粒子にどのような影響をもたらすのかは、ファインマン図に表された仮想粒子による相互作用にしたがって計算によって求めるしか方法がありません。つまり、仮想粒子は計算の手段にすぎないともいえます。しかし、「仮想粒子をないことにしてしまう」わけにはいきません。なぜなら、彼らの及ぼす影響は「現実に起きている現象」だからです。

〝仮想〟であるにもかかわらず（そう、彼らはまさにバーチャル！）、現実の世界に決して無視できない影響を及ぼす——本章で見てきた仮想粒子のふしぎな役割を締めくくるにあたって、最後に、電子のもつ磁力の話題に触れておきましょう。

電子は、この世界に存在する「電荷」（電磁力を生み出す源）の絶対値の最小単位を担っています（電子自身の電荷がマイナスであることを思い出してください！）。静電気に現れるような電荷を含め、すべての電荷はこの電子のもつ電荷の整数倍になっています。つまり、電子のもつ電荷を、それ以上細かく分けることはできません。だから〝最小単位〟なのです（ただし、陽子や中性子などを構成しているクォークの電荷は、この最小単位の3分の1か3分の2になっています。しかし、少なくとも現時点では単独のクォークは検出されておらず、検出される可能性も見えていません）。

「電荷の最小単位」である電子は、同時に永久磁石にもなっています（実験的にも観測されている事実です）。永久磁石としての電子を、「電子磁石」と呼ぶことにします。

ここで偉大な物理学者、イギリス人のポール・ディラック（１９０２〜84）が登場します。１９２０年代に相対性理論と量子力学を紙と鉛筆だけでみごとに融合させ、「科学史上最も美しいものの一つ」と賞賛される方程式を導き出した人物です。その方程式は、磁力を生み出す「スピン」という性質を説明しているうえに、のちに発見される陽電子（すなわち反粒子）の存在をも予言する画期的なものでした。

電子が永久磁石になっていることを見出したのも、ディラックの方程式です。点（点の体積はゼロ！）ほど小さな電子が永久磁石になっているとは驚くべき事実ですが、ディラックの方程式から「電子磁石」の強さが計算できます。ディラックの方程式に基づく電子磁石の強さを「計算によるディラック磁石の強さ」と呼ぶことにしましょう。

ところが、この偉大なる科学者の導き出した偉大なる方程式にも、一つの落とし穴がありました。精密測定によって実測された電子磁石の強さが、「計算によるディラック磁石の強さ」よりもわずかばかり――０・１％ほど、大きかったのです。実測された電子磁石の強さを「精密測定による電子磁石の強さ」と呼ぶことにします。

０・１％くらい……と思う人もいるかもしれません。しかし、世界中で何度、精密測定を繰り返してみても、つねに「精密測定による電子磁石の強さ」のほうが「計算によるディラック磁石の強さ」よりも0・1％大きいのです。こうなると当然、信じるべきは「精密測定による電子磁石の強さ」となります。

この意味で、「科学史上最も美しい」とも称されるディラックの方程式は完全ではないということになります。ディラックの方程式は、いったい何を見落としていたのでしょうか？　勘のいい読者ならもうお気づきのように、ディラックは、真空で発生・消滅を繰り返す仮想光子や仮想電子対の効果をまったく無視していたのです。

「裸の電子」のまわりには、仮想光子や仮想電子対がハイエナのように群がっています。これら仮想粒子が織りなす「衣」は、電子磁石にも影響を及ぼしているのです。

電子磁石の強さを測定するためには、測定対象となる電子を測定器のそばに置くか、測定器の中に入れなければなりません。磁石になっている電子は周囲の空間（真空）に磁場を生み出すので、その磁場の強さを測定することで電子磁石の強度を測るのです。相対性理論によれば、磁場も電場もまったく同じに扱うことができ、すなわち磁場は仮想光子に置き換えられます。つまり、電子はその磁石による光子を発生させており、測定器はこの光子を検出するのです。このようすをファインマン図で表してみましょう（図４‐16）。

この図では、１個の電子の通ったすべての点をつなぎ合わせ、黒く太い線でその電子の軌跡として表しています（電子はたった１個しかないことに注意してください！）。軌跡上の点５にお

図４－16

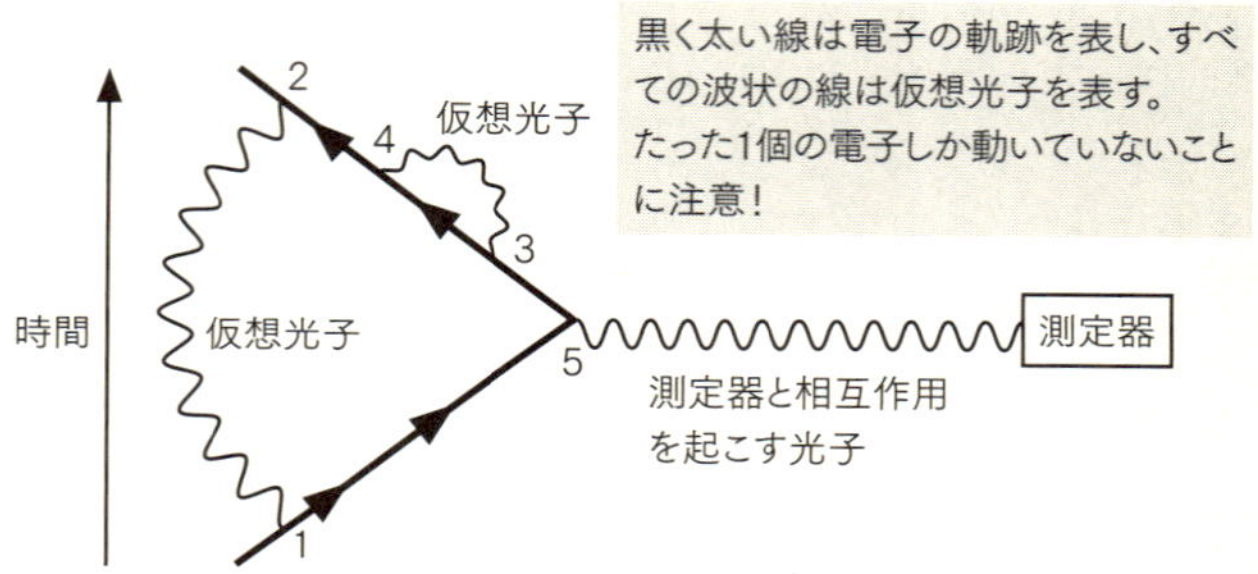

黒く太い線は電子の軌跡を表し、すべての波状の線は仮想光子を表す。
たった1個の電子しか動いていないことに注意！

いて、磁場（光子）を媒介にして電子磁石と測定器の間で相互作用が起こります。それによって電子磁石による磁場の強さが測定器で検出されるのです。電子はつねに磁石になっているので、電子からは間断なく連続的に磁場による光子が発生していますが、複雑さを避けるために図４－16では測定器との反応は１点（点５）のみで起こるものとします。

このようにして電子磁石の強さが測定できるはずなのですが、周囲の真空が電子に〝ちょっかい〟を出すために、そうはいかないのです。光子という粒子はもともと、電磁場が量子化された「量子」なので、「無」から発生した仮想光子といえども磁場の性質をもっています。したがって、仮想光子の生み出す磁場は、電子磁石の磁場に影響を与えます。

電子が存在する地点の真空から発生した仮想光子は、そこで電子に影響を与えます。その同じ電子が異なった地点に差しかかったときに、仮想光子はその地点の真空で消滅してしまうのです。消滅するその点で再度、仮想光子は電子に影響を与えます。これら各点での仮想光子による影響が、電子のもつ磁場の強さに影響をもたらすのです。

図４-16で具体的に見てみましょう。電子が点１に差しかかったとき、そこから仮想光子が発生します。点１で発生した仮想光子は、点２で同じ電子に吸収されて消滅します。同様のことが、点３と点４の間でも起こっています。改めて念を押しておきますが、これらの仮想光子は決して観測できません。

たった１個の光子がどれほどの影響を及ぼしうるのかと疑問に思う人がいるかもしれませんが、電子の質量がおよそ9.1×10^{-31}キログラムときわめて小さい（小数点以下に30個のゼロが並ぶ！）ために、電子は真空の仮想光子の影響を受けやすいのです。電子から出入りする仮想光子は、その電子にも影響を与え、また点５において電子から発生する磁場に対応する光子にも影響を及ぼします。したがって、測定器には仮想光子の影響を受けた電子磁石の磁場が測定されることになるのです。

さらにややこしいことに、実際には図４-16に描かれている以外にも、もっとたくさんの仮想光子や仮想電子対などが発生・消滅しています。決して観測されることはありませんが、これら無数の真空のいたずらが電子磁石の強さに影響をもたらすのです。

観測できない以上、その真空によるいたずらの効果は、計算によって求めるしかありません。

この分野では日本人の貢献が大きく、計算の礎《いしずえ》は朝永博士らによって発展した「量子電気力学」にあります。そして、実際の計算で世界的に名高いのが、木下東一郎博士（１９２５〜）です。１９６３年から95年までアメリカのコーネル大学で教授を務めた木下博士は、仮想光子や仮想電子対の影響を考慮して電子磁石の強さを計算しました。その結果は精密測定による実測値と10桁まで同じという驚異的なもので、実測値と理論値がこれほどまでに一致を見たのはきわめて珍しいケースです。

　きわめて高精度の一致は、いったい何を意味しているのでしょうか？　そうです。木下博士の精緻な計算結果こそ、仮想粒子の存在を決定的に証明するものだったのです。

第5章 「弱い力」と質量の起源をめぐる謎《ミステリー》

ゲージ粒子の質量はゼロでなければならない

前章で見たように、相互作用には必ず「場」がつきものです。その「場」は、相互作用に参加している粒子自身が周囲の真空に作り出します。場の量子論によれば、「場」はゲージ粒子の交換に置き換えられますが、「力を運ぶ粒子」であるゲージ粒子は決して観測されることのない仮想粒子です。

真空に生じる「場」を理解するうえできわめて重要なポイントの一つは、力を運搬するゲージ粒子はすべて質量をもっていないということです。ゲージ粒子は「力の場」を量子化して仮想粒子に置き換えることによって出てきた粒子です。しかし、「力を伝える場」は物質ではありませんから、場そのものは質量をもちません。当然の帰結として、場を量子化したゲージ粒子もまた、質量をもたないことになります。

ところが――、これに矛盾する〝ある事実〟が、幾多の物理学者たちの頭を悩ませることになります。本章と続く第6章では、「ゲージ粒子」と「質量」をめぐる「真空のからくり」をひもといていくことにしましょう。

対称性と保存量

「ゲージ粒子」と「質量」をめぐる謎を解き明かしていくにあたって不可欠な存在である「対称性」という概念をご紹介しましょう。球体をぐるりと回転させても、元の形状を保ちます。球体は、回転の前後でまったく区別がつきません。回転に対して不変である球体のこのような性質を、「回転に対して対称である」といいます。大切な基本となりますので、徹底的に頭に入れておいてください。

ここで一つの「系」について考えてみます。系とは、物理的組織システムを意味します。一つの系を対象にする場合、その系は外部との接触ややり取りがまったくなく、外部から完全に隔離されているものと考えます。たとえば、原子そのものを対象とする場合、単独の隔離された原子を考え、その原子が「系」となります。半導体の実験装置でいえば、電源を含めた装置全体も一つの「系」です。

それぞれの系で生じる物理現象は、系の環境下における「物理法則」に従います。いま、一つの「系」に何らかの物理操作（たとえば回転）を施して、変化を与えてみることにします。物理操作（変化）を与えたにもかかわらず、その系に対応する物理法則にまったく変化が現れない場合、その物理法則は与えられた変化に対して「対称」（シンメトリー）であるといいます。その物理法則は、「系」に施した変化に対して「不変」であり、物理法則が不変性を保つことを「物理法則は対称性を維持する」と表現するのです。

たとえば、ある方程式で表された物理法則は、時間が経過しても何の変化も生じません。物理法則は時間変換に対して不変であり、「時間変換に対して対称である」といいます。本書でも重要な役割をはたしている$E=mc^2$がまざまざと証明しているように、一つの物理法則は１００年前も現在も、そして１００年後も変化しません。そして、「時間変換に対して対称である」ことの背後には「エネルギーが保存される」ことが含まれています。「保存される」とは、一定のままで変化しないということです。

また、ある物理法則に従う粒子の運動を扱う実験装置を、直線的に一定速度で動かして場所を変えても、その装置が従う物理法則はまったく変わりません。実験結果は場所を変えても同じです。この場合、物理法則は場所を変えても不変であり、「物理法則は場所の変換に対して対称である」といいます。この対称性の背後には「運動量保存の法則」が含まれています。

このように、「対称性」の陰では、必ずある物理量が保存されています。ドイツの女性数学者、エミー・ネーター（1882〜1935）によって発見されたこの関係は、「ネーターの定理」として知られています。

ゲージ対称性とは何か

この対称性の概念を、真空における重要な「系」である「力の場」、すなわちゲージ場に適用して考えてみましょう。

たとえば、電磁場（電磁力を伝える力の場）の存在する空間に電子を〝ポン〟と置くと、電子はすぐにその電磁場と作用して力を受け、電磁場の方向に加速されます。実は、これは古典的な考え方です。「場」というものをまったく考えずに電子を波（電子波）として考え、その波の位相（波のズレ角度）を空間の「各点」で「別々の時間」に勝手に変えてしまっても、その電子波が従う物理法則をまったく同じにする——つまり、対称性を保つ——ためには、その空間に電磁場（ゲージ場）を導入せざるを得なくなるのです。

ここが重要なポイントですが、場（ゲージ場）は、理論的には初めからそこに存在しているのではなく、対称性を維持するために後から出てきた概念なのです。そのようなゲージ場を考察する理論を「ゲージ場理論」と呼びます。「ゲージ」とは、物を測る際の基準となる何らかの〝ものさし〟のことですが、ここでは、説明を簡素化するために〝ゲージ〟そのものは使わずに説明します。

まん円《まる》い巨大な紙を、その中心軸に対してどんな角度で回転しても（その角度が大きくても小さくても）、紙の形はまったく変わりません。なぜなら、円い紙上の各点（すべての点）がまったく同じ角度で回転するからです。この場合、この円い紙は「グローバルな回転」に対して対称であるといいます。「グローバル」とは、部分ごとに違った変化をするのではなく、「系」全体の各点をまったく同時に、まったく同じ量だけ変化させることを意味しています。

「対称」とは、ある系に対して何らかの物理操作を施した際に、操作の前後で何の変化も現れず、前後の系にいっさい区別がつかない状態を指します。先ほどのまん円い紙を回転させる例では、きれいに対称性が保たれているように思われますが、一つ重大な問題をはらんでいます。

それは、「何事も、伝播するのに決して光速度（有限速度）を超えない」という相対性理論の要求を満たしていないことです。グローバルな変化では、一つの点から遠く離れた点まで時間を隔てずに一挙に変化が伝わってしまうことになるからです。この不都合を解消するためには、紙の「各点」で「別々の時間」に「それぞれ違った角度」で回転するようにする他ありません。つまり、紙上の小さな各部分を破れないようにして、それぞれ違った角度で少しずつ回転してみるわけです。

全体に一挙に変化を加えた先ほどの「グローバルな回転」に対して、このような操作を「局所的（ローカル）な回転」と呼びます。各部分の回転角度が異なるのですから、紙の形は「いびつ」になってしまい、もはや元の円形を保てません。つまり、紙は対称性を失います。

対称性を失った紙は、しわくちゃになっていることでしょう。そこでこんどは、このしわを伸ばして、紙を元の円形に戻すことを考えます。みなさんならどうしますか？　そう、しわになった紙の各部分（局所）に〝新たな力〟を加えて、しわを伸ばしてやりますよね。すべてのしわを伸ばし終われば、紙は元の円い形に戻ります。

「新たに加えられた力」の大きさは、紙の各部分、つまりしわの生じ具合によって異なります。しわくちゃになった各点それぞれに応じた力を導入すると元の円い形に戻り、紙は対称性を維持できます。先ほど「対称性を保つためには、その空間にゲージ場を導入せざるを得なくなる」といいました。もうおわかりかと思いますが、ここでしわを伸ばして紙を元の円い形に戻すために（つまり、対称性を維持するために）導入された力が「ゲージ場」に相当するのです。ゲージ場を導入することによって維持される対称性を「ゲージ対称性」と呼びます。

ゲージ対称性はなぜ必要なのか

ゲージ対称性が必要とされる理由を、もう少し詳しく探っていきましょう。

原子や分子、それらを構成するより小さな粒子の運動は、量子力学による波動方程式に支配されます。各粒子に対する波動方程式を解くと、その粒子に対応する数式で表された波、すなわち「波動関数」が得られます。この波は、普通の波と同じく時間と空間（位置）の変化に応じて形（位相）を変化させます。

量子力学によれば、運動量は波の波長に相当し、エネルギーは波の振動数に相当しますので、粒子に対応する波の位相は粒子のもつ運動量やエネルギーによって決定されます。「位相を変化させる」ことは、粒子の運動量やエネルギーを変化させることと同じです。

この波を、先ほどの円い紙に対応させて考えてみましょう。波の場合は「回転」ではなく、波の存在している空間の各場所（実際には〝時空〟）ごとに、波の「位相」を勝手に変化させます。場所と時間によって変える位相（ズレ）の大きさが異なるようにします。すなわち、「局所的（ローカル）な変換」を加えるわけです（グローバルな変換ではなく！）。局所的な変換を加えられることによって、波は当然ながら元の波動方程式を満足しなくなってしまいます。

これはたいへんな問題です。なぜなら、量子の運動を支配する波動方程式を満足しないということは、「自然の法則」に違反することになるからです！　この非常に「困った」問題を解消するために、波の存在する空間の各場所、各時間でそれぞれに位相を変化させた分を打ち消すような何らかのものを導入しなければなりません。しわくちゃになった紙を元の円い形に戻す際に導入した力と同じように――。

　そのようにして導入されたのが「ゲージ場」です。ゲージ場を導入することで、位相が変わってしまった波は再度、元の波動方程式を満足するようになり、元の物理法則も変化しないですみます。「変化しない」ということは、「対称性」が存在するということです。すなわち、位相の局所的な変換の前後で対称性を維持するために導入されたのが「ゲージ場」であり、このゲージ場を扱う理論が「ゲージ場理論」なのです。ゲージ場の概念は、粒子を粒子として扱うかぎり、まったく必要ありません。粒子を「波」として扱ったからこそ、ゲージ場理論が不可欠となったのです。

　素粒子のふるまいはある物理法則に従い、その素粒子は波動関数で表されます。その波動関数に何らかの変化（この変化を「ゲージ変換」と呼びます）を与えても、変化した波動関数はやはり元の同じ物理法則に従わねばなりません（そうでなければ「自然の法則」を破ってしまう！）。その物理法則が不変であり続ける（対称性を維持する）ために、「ゲージ場」が導入されるのです。

このとき、「ゲージ変換に対して物理法則は対称である」といいます。ゲージ場が力を伝達する役目を担うわけですが、場の量子論に従えば、ゲージ場は量子化されて粒子としてふるまいます。「ゲージ粒子」です。ゲージ粒子はすべて「仮想粒子」です。粒子間に働く「力」は、実にこの「ゲージ対称性」によってすべて説明できることになります。つまり、ゲージ場理論は「ゲージ粒子」を生み出す理論であり、同時に「力の起源」を説明する理論であるといえましょう。力を伝達する粒子であるゲージ粒子の質量がゼロであるかぎり、電磁場も、これから説明する「強い力の場」も「弱い力の場」も、すべて「ゲージ場」となります。

　ここでもう一度、「ゲージ粒子は質量をもたない」ことの本質的理由を考えてみましょう。より正確にいえば、「ゲージ場理論」がゲージ粒子に質量をもつことを絶対に許さないのです。ゲージ変換（ここでは、局所的な位相の変換）は無限に広がる全時空の各点に及ぶため、ゲージ場は無限空間にわたって現れます。つまり、ゲージ粒子の到達距離は無限大ということです。力を運ぶゲージ粒子の到達距離が無限大であるということは、その力が無限大の距離にまで及ぶことを意味しています。実際に、重力も電磁力も、その力の及ぶ範囲は無限大です。

　言い方を換えると、重力も電磁力も、無限大の距離に及んでやっと、その強さがゼロになるということです。湯川博士は、力を伝達する粒子が無限大の距離にまで及ぶ場合、その伝達粒子の質量はゼロでなければならないことを理論的に示しました。力を伝達する粒子に質量があると力の及ぶ範囲は限られてしまい、決して無限大に広い領域にまで到達できないからです。

したがって、ともにゲージ粒子である電磁力を伝える光子も、重力を伝える重力子も、質量はゼロということになります。質量ゼロの光子は、無限大まで到達できます。二つの荷電粒子（たとえば二つの電子）の間では「電磁相互作用」が電磁場を通して起こりますが、電磁場は仮想粒子である光子に置き換えられ、ゲージ粒子である光子の交換によってその電磁相互作用が生じるわけです。

ところで、164ページで紹介した「ネーターの定理」によれば、「対称性の陰に保存量あり」です。光子によって保たれたゲージ対称性の陰には、どんな保存量があるのでしょうか？「電荷」です。何もないところから電荷が発生したり消滅したりすることがない「電荷保存の法則」は、ゲージ対称性が保たれていることによって成り立っています。

ゲージ粒子が質量をもつと、何が起こるのでしょうか？　たちどころに「ゲージ対称性」は破れてしまい、対称性が失われます。この、「ゲージ粒子が質量をもつと対称性が破れる」ということを、しっかり頭に入れておいてください。

常識破りのゲージ粒子

自然は、エネルギーの高い状態を嫌います。私たち人間も同じです。海岸沿いの高い崖っぷちから海面を見下ろすと、恐怖感を感じますね。それは、「高いところは危険である」と本能的に悟っているからです。高い崖がもつ重力ポテンシャル・エネルギーは、相対的に低い海面に比べてずっと高く、崖上に立っている人は、エネルギー的にも精神的にも不安定な状態にあります。低い場所ほどエネルギーは低く、人ならそれだけ安心感を得て、自然はより安定な状態になります。

　原子核内に蓄えられているエネルギーで考えてみましょう。蓄えられているエネルギーが大きいほど原子核は不安定で、エネルギーを原子核外に放出して安定な状態になろうとします。そのとき、原子核からは粒子（アルファ粒子、ベータ粒子、ガンマ粒子など）が飛び出し、これら飛び出した粒子がエネルギーを持ち去る結果、原子核のエネルギーが下がって、より安定化します。

　エネルギーを下げるこの過程こそ、122ページで登場した「原子核の崩壊」です。エネルギーの大きな原子核は$E=mc^2$に従って質量が大きく（重く）、逆にいえば重い原子核ほどその内部に大きなエネルギーを〝秘めて〟いることになります。つまり、それだけ不安定ということで、質量の大きな原子核ほどエネルギーを放出する傾向が強く、すなわち崩壊しやすいのです。崩壊後の原子核は当然、質量が減少します。

　ここでは、これとは別の崩壊の形を考えます。中性子を過剰にもつ原子核もまた不安定な状態にあり、中性子の数を減らして安定な状態になろうとします。ただしこの場合は、単に中性子を核外に追い出すことはせずに、陽子に変えてしまうのです。陽子の数が原子の名称を決定しますから、中性子1個が陽子に変容してしまうと、陽子数が一つ増えて別種の原子に変化します。

　このとき、電子と反ニュートリノが原子の外に飛び出してきます。飛び出た電子と反ニュートリノがエネルギーを運び去り、その分だけエネルギーは下がって原子核は安定化します。「原子核のベータ崩壊」と呼ばれる現象です。

　ベータ崩壊は「弱い相互作用」を通じて起こります。放射性物質を形成する原子の核は中性子数が過剰になっているために弱い相互作用が生じてベータ崩壊を起こします。多数の中性子過剰の原子核がベータ崩壊を起こす際に放出される多くの電子は「電子線」を形成し、「ベータ線」と呼ばれます。ベータ線は放射線の一種で、人体内に入ると細胞を破壊する作用をもちます。

123ページで紹介したように、弱い相互作用は「弱い力」を通して起こります。弱い力を運ぶゲージ粒子には、プラスの電荷をもつW^+ボゾンとマイナスの電荷をもつW^-ボゾン、そして電気的に中性なZ^0ボゾンの3種類があります。相互作用に関するかぎり、いずれも仮想粒子です。

　弱い力に対しても、「弱い力の場」（ゲージ場）が存在します。弱い相互作用では「弱い力の場」が仮想ゲージ粒子（W^+、W^-、Z^0の各ボゾン）に置き換えられ、これら3種の仮想ゲージ粒子の交換が弱い力を生み出します。

図5－1

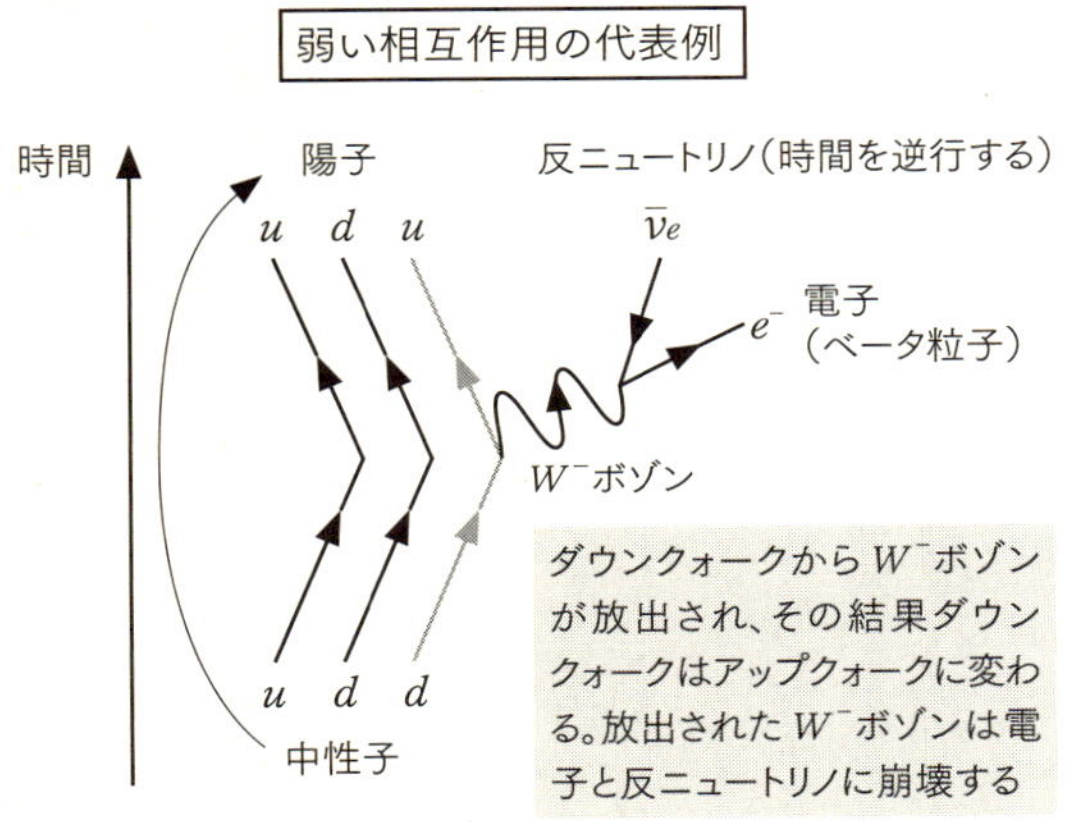

セシウム原子核の中の一つの中性子がベータ崩壊するようす。中性子が陽子に変わる

ベータ崩壊をクォーク・レベルで見てみましょう。77ページ図2－5に示したように、中性子1個はアップクォーク（uクォーク）1個とダウンクォーク（dクォーク）2個から構成されているので（u－d－d）と表示し、陽子は二つのuクォークと一つのdクォークから構成されているので（u－u－d）と表示します。中性子がベータ崩壊を起こすと、図5－1に示すファインマン図のように、中性子内の1個のdクォークがゲージ粒子W^-ボゾンを放出してuクォークに変わり、W^-ボゾンは電子と反ニュートリノへと崩壊します。こうして、中性子（u－d－d）が陽子（u－u－d）に変わるのです。「弱い力」は、粒

子同士を引き寄せる力（引力）として働くのではなく、粒子をまったく別種の粒子に変えてしまうときに現れる力なのです。

ところで、ここに出てくるW^-ボゾンは、驚くべき性質をもっています。中性子が弱い相互作用を通してベータ崩壊を起こす過程で一時的に現れるW^-ボゾンの質量が、中性子自身の質量よりもなんと80倍も大きいのです。このW^-ボゾンは、エネルギー保存の法則を破って中性子内の一つのdクォークから発生（創生）したものなので、仮想粒子ということになります。

……という説明を聞いて、何だかヘンだと感じた読者がいらっしゃるはずです。「『ゲージ場理論』がゲージ粒子に質量をもつことを絶対に許さない」はずじゃなかったのか、と。そう、この弱い力を運ぶゲージ粒子（W^+、W^-、Z^0の各ボゾン）が大きな質量をもつ事実が、多くの物理学者たちを悩ませることになったのです。「ゲージ粒子が質量をもつと対称性が破れる」はずだからです。

この非常に重要な謎の解明には、段階を踏んでじっくり迫っていくことにしましょう。ここでは、W^+、W^-、Z^0の各ボゾンが大きな質量をもつことによって生じる事態について触れておくに留めます。弱い力を伝達する3種のゲージ粒子に大きな質量があるために、弱い力の到達距離が極端に短くなっているのです。

弱い相互作用は空間に広くまたがって起こることはなく、空間のごく狭い領域（陽子1個の半径よりも短い！）でしか生じません。したがって、相当に近距離（くっつかんばかりの距離）でないかぎり弱い相互作用が起こる確率は非常に小さく、きわめて生じにくいのです。言い換えれば、弱い相互作用を通して起こる放射性物質の崩壊は、時間をかけてゆっくり進むということです。崩壊によって元の原子核の数が半分になる期間を「半減期」と呼びますが、原子核の種類によっては半減期が何十年、何万年、さらには何十億年といった長期間に及ぶことがあります（ウラン２３８の半減期は45億年！）。

　そして、崩壊がゆっくりとしか進まない理由は弱い力の到達距離が極端に短いことにあり、その背後には、弱い力を伝達する３種のゲージ粒子が大きな質量をもつ事実があるのです。弱い力を伝達するゲージ粒子の質量がゼロではないということは、弱い相互作用に関して完全に「ゲージ対称性」が破れてしまっていることを意味します。すなわち、対称性が保存されている状態の物理法則を満足しないということなのですが……、いったい何が起こっているのでしょうか？

アイソスピンの登場

　さて、「弱い力」を伝えるゲージ粒子が質量をもつ謎を解き明かす前に、「強い力」のゲージ対称性と保存量について見ておきましょう。

　まず、「クォーク」が出現する以前の話から始めます。原子の中心に存在する原子核は陽子と中性子から構成されており、核子と呼ばれる両者はいずれも「核力」という引力によって互いにガッチリと結びつけられています（76ページ参照）。核力の到達範囲は陽子や中性子の半径程度で極端に短く、隣接する核子にしか働きません。したがって、核力を考えるうえでは二つの陽子間の核力、二つの中性子間の核力、あるいは陽子と中性子の間の核力だけを論ずれば十分です。

陽子はプラスの電荷を帯びており、中性子は電気的にプラスでもマイナスでもなく文字どおりの中性ですが、核力は両者をまったく区別せず、まったく同じ強さで働きます。つまり、核力は「電荷」にまったく依存しません。また、陽子と中性子には、中性子のほうがほんのわずかだけ重いという質量の違いがあるのですが、これも核力の強弱に影響を与えません。すなわち、核力に関しては、両者は「まったく同じ粒子」として扱えるのです。

ただし、電荷の有無を考慮すれば「まったく同じ粒子」とするわけにもいかず、両者の違いを表すものとして「アイソスピン」という概念が考案されました。スピンは「自転」というべき性質で、方向をもっています。スピンの方向は、右ネジを回した際にネジが動いていく方向と決めています。平らな木の板に右ネジを垂直に立て、ネジ回しを使って（上から見て）右回転させると、ネジは板に食い込んでいきます。つまり、右ネジを右回転させると下方に動きます。

一方、いったん板に食い込んだネジを取り外すときは、ネジを左回転させなければなりません。右ネジを左回転させると、こんどは上方に向かいます。この右ネジの回転によってネジが動

図5－2

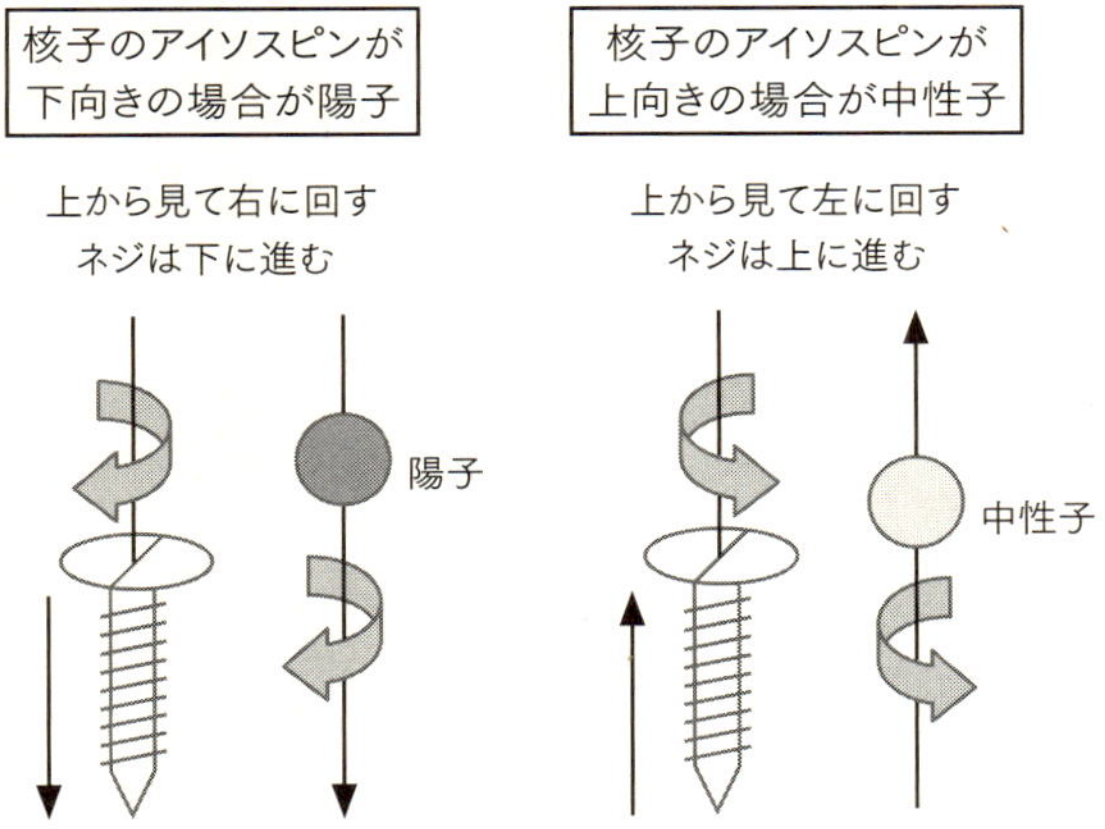
核子のアイソスピンが
下向きの場合が陽子
核子のアイソスピンが
上向きの場合が中性子
上から見て右に回す
ネジは下に進む
上から見て左に回す
ネジは上に進む
陽子
中性子

アイソスピン空間におけるアイソスピンの方向は「右ネジ法則」に従う

く向きを「スピンの方向」と決めるのです（「右ネジ法則」と呼ぶことにします）。現在では、物質を構成するすべての素粒子がスピンしていることがわかっており、そのスピンの方向は上向きか下向きかのどちらかです。

陽子と中性子を区別するために与えられたアイソスピンは、実際の空間におけるコマや地球の自転とは異なり、抽象的なアイソスピン空間（内部空間）におけるスピンであり、「時間」と同じような「概念的な物理量」です。アイソスピンは「矢」で表し、まったく同じ「核子」ではあっても、アイソスピンが上向きの場合には中性子と呼ばれ、アイソスピンが下向きの場合には陽子と呼ばれます（図5－2）。

図5－3

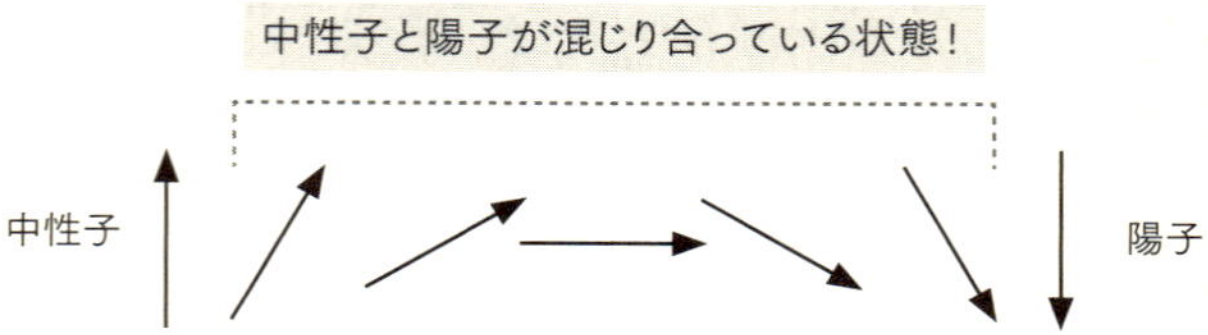

アイソスピンの回転。回転によって中性子が陽子に変わる。またその逆も可。この矢の回転は“アイソスピン空間”という内部空間における回転である。あえてたとえると、これは“猫”がだんだん“犬”に 変容していくみたいなもの

中性子が陽子に変化していくようすは、アイソスピン（矢）の回転によって表されます（図５－３）。アイソスピン空間で核子のアイソスピンを１８０度回転させてひっくり返すと、陽子と中性子が入れ替わります。では、アイソスピンの矢を徐々に回転していったら、それに応じて中性子が少しずつ陽子に変化するのでしょうか？　言い換えれば、ちょっとだけ陽子で、大部分は中性子などという中途段階が存在するのでしょうか？

　実際に観測すると、アイソスピンの向きは完全に上向き（１００％中性子）か完全に下向き（１００％陽子）のどちらかしか現れません。ここに、量子力学独特のふしぎさが現れるのです。アイソスピンを任意の角度に回転すると、量子力学的に「陽子としての状態（陽子らしさ）」と「中性子としての状態（中性子らしさ）」の両方が混じり合ってしまうのです。「起こりうるすべての可能性が（同時に）混じり合う」ことは量子力学独自のもので、「状態の重ね合わせ」と呼ばれます。どちらの「状態（らしさ）」が強いかはアイソスピンの回転角

によりますが、核力にはまったく影響を与えません（図のように回転しても、矢の長さは変わりません）。

核力は、アイソスピン空間におけるアイソスピンの回転に対して「不変」であり、アイソスピンの回転に対して「対称」です。換言すれば、核力はアイソスピンを保存し、核力を通しての相互作用ではアイソスピンは保存されることになります。ここでも、「対称性」は「保存量」をもたらします。素粒子物理学できわめて重要な役目を果たしているアイソスピンの概念を提唱したのは、不確定性原理を発見したあのハイゼンベルクです。

湯川博士の「中間子論」はゲージ場理論ではなかった

核子同士を結びつける「核力」を説明した湯川博士の中間子論を改めて考えてみましょう。核力は陽子間（プラス電荷同士）の電気反発力より桁外れに強い引力であり、だからこそ原子核は簡単には壊れません。原子核の内部空間は、核力に対応する「パイオン場」という場で満たされています。陽子も中性子も、「パイオン場」の中にどっぷりと浸かっていることになります。

このパイオン場の量子的「さざ波」が量子化されると、「仮想パイオン」という仮想粒子になります。湯川博士の中間子論は、核子同士（陽子と中性子、陽子と陽子、あるいは中性子と中性子）の間で仮想パイオンが交換されることで核力が生まれるという理論です（図5－4）。

図5－4

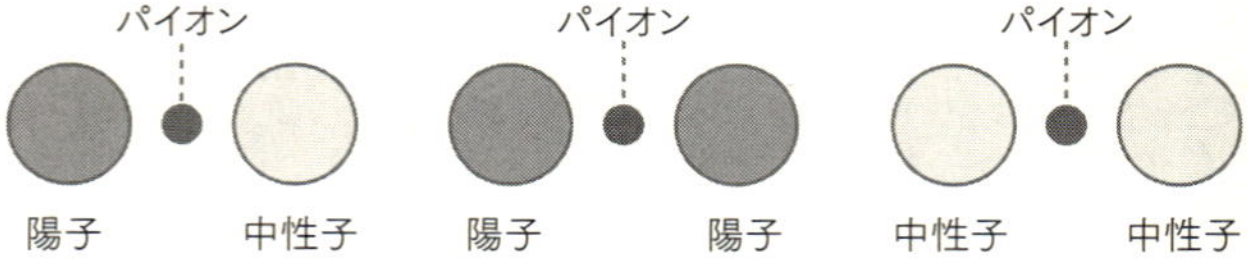

中間子論では、仮想パイオンの交換によって陽子と中性子が入れ替わる（すなわち電荷が変化する）こともありますし、中性子は中性子のまま、陽子は陽子のまま留まって電荷に変化がない場合もあります。このことは、交換される仮想パイオンにはプラス電荷、マイナス電荷、そして電荷ゼロの3種類があることを意味し、実際に3種のパイオンの存在が確認されました。

力を伝える仮想粒子ということになると、湯川博士の構想によるパイオン（中間子）も「すわゲージ粒子か」と考えてしまいますが、そうではありません。パイオンは質量をもっているため、ゲージ粒子にはならないのです。78ページで紹介したように、核力を担うパイオン自身に内部構造があり、クォークと反クォークから構成されています。三つのクォークから構成される（素粒子ではない）核子同士の間に働く核力は、クォーク同士の間に働く「強い力」の二次的な現れだったのです。湯川博士がこの理論を考案した当時はまだ、陽子や中性子がクォークという粒子から構成されていることは知られていませんでした。

ヤン－ミルズのゲージ場理論

ここで「ゲージ場理論」を思い起こしてください。四つの相互作用（強い力による相互作用、電磁力による相互作用、弱い力による相互作用、重力による相互作用）はすべて、ゲージ粒子の交換によって生ずるものです。

１９５４年、二人の物理学者、ヤン・ヂェンニン（楊振寧《ようしんねい》。１９２２〜）とロバート・ミルズ（１９２７〜99）は、電磁場のみならず他の力を伝達する場も考慮に入れて、さらに一般化した「ゲージ場理論」を考えました。ヤンは若い頃、中国大陸からアメリカに渡った中国系アメリカ人で、１９５７年に、同じく中国系アメリカ人のリー・ヂョンダオ（李《り》政道《せいどう》。１９２６〜）とともにノーベル物理学賞を受賞する人物です。

一方のミルズは生粋のアメリカ人で、１９５０年代の初期にコロンビア大学の博士課程に在籍していた大学院生でしたが、ブルックヘヴン国立研究所でヤンと知り合いました。二人は「強い力の場」に対するゲージ場理論を提唱し、「ヤン－ミルズ理論」と呼ばれるようになりました。

電磁場に対するゲージ粒子である光子は、質量も電荷ももっておらず、ゲージ粒子としての条件をすべて満たしています。光子は電荷をもっていないので、電子などの荷電粒子がゲージ粒子（光子）を放出／吸収して相互作用が起きても、荷電粒子そのものの電荷が変化することはありません。また、その荷電粒子が別種の荷電粒子に変わることもありません。

ヤンとミルズは、強い相互作用のゲージ場理論を確立するため、先に登場した「アイソスピン」を導入したのです。核子は波としてもふるまい、その波は「波動関数」と呼ばれています。陽子と中性子は「アイソスピン」の向きで区別され、核子の波動関数にはアイソスピンの方向や核子の空間的な位置を含むすべての物理状態が含まれています。

強い相互作用（当時はまだ核力）はアイソスピンの回転に対して不変であり、したがってアイソスピン空間の各点・各時間でアイソスピンの回転角度をそれぞれ別々の角度で回転し、波動関数（波）の位相を変化すると、それに応じて核子の波動関数が変わります。変わってしまった波動関数は、もはや元の波動方程式で表された物理法則を満足しなくなります（対称性が保てなくなってしまう！）。物理法則（波動方程式）がアイソスピンの回転や位相の変化に対して対称になるようにするためには、空間の各点に核力の場を生み出す「ゲージ場」を導入しなければなりません。

量子化されたゲージ場は仮想ゲージ粒子となり、この仮想ゲージ粒子が核力を運びます。仮想ゲージ粒子は陽子や中性子から発生（創生）し、相互作用の相手となる陽子や中性子に吸収（消滅）される結果、陽子が中性子に変わったり、中性子が陽子に変わったりします。どちらも陽子である場合には、陽子からゲージ粒子が出て相手の陽子に吸収されますが、いずれも陽子のままでいます。同じことが中性子同士の間でも起こります。

そのどれが起きても、核力の強さはまったく同じです。ゲージ粒子の発生（創生）および吸収（消滅）に対して核子の電荷が変わるためには、「電荷保存の法則」に従ってゲージ粒子にマイナスの電荷をもつものとプラスの電荷をもつものがなければなりません。他方、ゲージ粒子を発生／吸収しても核子の電荷が変わらないケースがあることから、電気的に中性なゲージ粒子（電荷ゼロ）も必要になります。結局、強い相互作用に対するゲージ場理論では、

①マイナス電荷をもつゲージ粒子
②プラス電荷をもつゲージ粒子
③電荷をもたないゲージ粒子

以上、３種類のゲージ粒子が要求されます。さらに、いずれもゲージ粒子である以上、それらの質量は正確にゼロでなければなりません。

ところが、この二つの条件は相容れないのです。電荷をもつ粒子は、ことごとく質量をもっており、「質量はゼロでありながら、電荷をもつゲージ粒子」など、観測されたことがありません。このため、「強い相互作用」のゲージ場を扱う「ヤン－ミルズ理論」は、物理学界にとうてい受け入れられるような理論ではありませんでした。

ヤンがセミナーでこの理論を発表したとき、その場にはヴォルフガング・パウリ（１９００〜

58）が居合わせていました。オーストリア生まれのスイス人であるパウリは、「パウリの排他律」というきわめて重要な理論を発見した偉大な物理学者で、その業績により１９４５年のノーベル物理学賞を受賞しています。他人の理論にケチをつけては批判することで有名で、大の実験嫌いとしても知られていました。一方で、湯川博士の中間子論をいち早く理解した物理学者の一人でもあったパウリは、ヤンに向かってこう発言したといいます。

「電荷があって質量のない粒子というのはいったいどんな粒子か？」

パウリの鋭い追及に対し、ヤンには返す言葉もありませんでした。ヤン－ミルズ理論は、整然としたたいへん〝美しい〟理論ではありましたが、〝核力の問題〟にはマッチせず、しばらくは日の目を見ることがありませんでした。

「強い力の場」と「色荷」

ところが、「強い相互作用」をめぐる状況は、１９６０年代に入って一変します。陽子や中性子の下部構造として「クォーク」の存在が明らかとなり、こんどはクォーク同士の間に働く相互作用を考えなければならなくなったのです。クォークとクォークの間に働くとてつもなく強い力、――すなわち「強い力」の登場です。

強い力を通してクォーク同士が相互作用する際、その力を伝達するゲージ粒子は「グルーオン」と呼ばれます。グルーオンには8種類ありますが、いずれも質量をもっておらず、「ゲージ粒子は質量をもつことを許されない」というゲージ場理論の要請を満たしています。グルーオンはまた、電荷もゼロです。

「標準模型」と呼ばれる素粒子理論では、すべてのクォークは3種（赤、緑、青）の「色荷」という物理量をもっており、電荷が電磁力を生み出すように、色荷は「強い力」を生み出します。

一つのクォークは特定の色（色荷）をもっていますが、決してクォーク自身が着色されているわけではありません！ 陽子や中性子はアップクォーク（uクォーク）とダウンクォーク（dクォーク）の2種類のクォークでできていますが（77ページ図2－5参照）、赤荷（red）をもつuクォークをu_r、緑荷（green）をもつuクォークをu_g、そして青荷（blue）をもつuクォークをu_bと表します。まったく同じように、dクォークに対しても、d_r、d_g、d_bのように表します。

色光の三原色（赤、緑、青）を均等に混ぜ合わせると無色になるように、陽子や中性子も赤、緑、青の3色が入って無色となります。陽子内の三つのクォークの色の組み合わせは、無色となるように（u_r、u_g、d_b）となっています。同様に、中性子内のクォークの色の組み合わせは（u_r、d_g、d_b）です。三つの色を入れ替えても無色となり、陽子や中性子内での強い力の強さは変わりません。つまり、（u_g、u_b、d_r）でも（u_b、u_r、d_g）でもまったく同じ陽子で、全体としては無色です。同じことが中性子についてもいえます。色（色荷）が無色である状態が最も安定で、壊れにくいからです。このことが、陽子や中性子をその構成要素であるクォークに分解することが事実上不可能であることを示唆しています。

このクォークの三つの色（カラー）の組み合わせを変えても「強い力」の強さがまったく変わらないことを「カラーの対称性」といいます。アイソスピンの例にならえば、「カラー空間」という抽象的な空間（内部空間）の中で「カラーの矢」を回転させることによって色が変わっていくようすを考えた際に、カラーの矢の回転に対して強い力の強さは変化しないということです。

波としてのクォークを表す波動関数を考え、時空の各点でこの波の位相を勝手に変えながら、同時に「カラー空間」でカラーの矢を回転させることを考えましょう。「位相変化」と「カラーの矢の回転」のためにクォークの波動関数はすっかり変わってしまい、元の物理法則（波動方程式）を満足しなくなってしまいます。

もうおわかりのように、元の物理法則を変えないようにするために、「ゲージ場」が導入されます。このゲージ場が量子化されて仮想粒子（ゲージ粒子）になったものが「グルーオン」です。グルーオンは質量をもっていないので、「ヤン－ミルズ理論」の範疇《はんちゅう》に入ります。核力のゲージ場理論では大いなる矛盾を来したヤン－ミルズ理論でしたが、クォークとグルーオンの登場によって捲土重来《けんどちょうらい》をはたしたのです。

図5－5

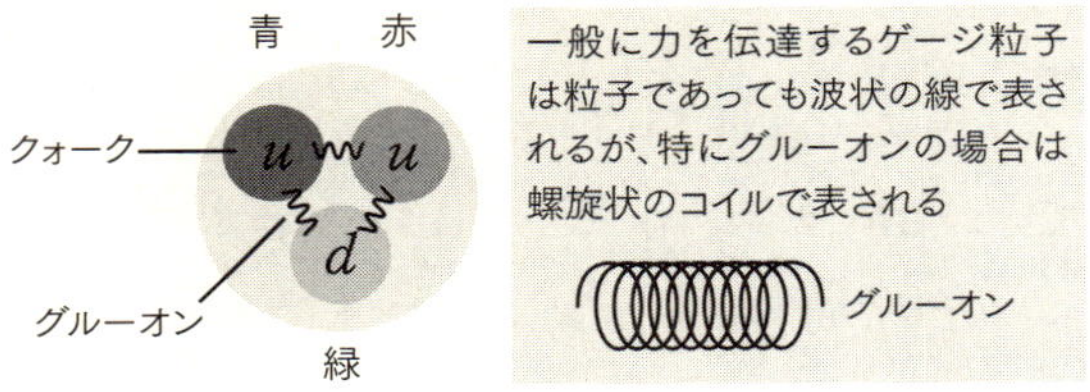

電磁力を伝えるゲージ粒子である光子が電荷をもたないのとは対照的に、「強い力」を運ぶグルーオンは自ら「色荷」をもっています。図5－5に陽子の内部構造（u－u－d）を示しますが、この図では一つのuクォークは青荷、もう一つのuクォークは赤荷、dクォークは緑荷になっています。三つのクォークを相互に結びつける波状の線（実際には螺《ら》旋《せん》状の線）は、クォーク間で交換されるグルーオンを表しています。

グルーオン自身が色荷をもっているため、クォーク間でグルーオンが交換されるとクォークの色が変わってしまいます（色が変わっても、強い力の強さは変わりません）。「強い力」の源である「色荷」はグルーオンによってクォークからクォークへと運ばれ、その結果「強い相互作用」が引き起こされます。

スピン角運動量

フィギュアスケーターがくるくると自転（スピン）する姿は、華麗で美しいものです。物体がスピンする「強さ」（速さではない！）は、

「スピン角運動量」で表すことができます。外部から何らかの邪魔立てが入らないかぎり、スピンしている物体のスピン角運動量は保存されます。

フィギュアスケーターが腕を広げると自転が遅くなり、腕を胸に抱いたり頭上に伸ばしたりすると自転が速くなるのは、スピン角運動量が保存されるためです。スピン角運動量という物理量を使わないかぎり、なぜフィギュアスケーターが腕の開閉だけで自転速度を変えられるのかを説明することはできません。

すべての素粒子は「スピンゼロ」を含めてスピンしています。ただし、素粒子のスピンはフィギュアスケーターのそれとは根本的に異なり、徹底的に量子力学的なスピンですから、具体的にどのようにスピンしているのか、そのようすを観測することはできません。実際のところ、想像することさえ不可能なのですが、量子力学的なスピン角運動量は数値を使って表すことができるのです！　これが理論物理学のすごいところです。

素粒子のスピン角運動量は、「スピンの強さ」に加えて「空間的な方向」をもっています。スピン方向は、177ページで登場した「右ネジ法則」に従います。右回転（スピン）した際にネジが進む方向がスピンの方向です。素粒子のスピン角運動量は、スピンの強さと空間的な方向が同時に量子化されており、そのどちらも飛び飛びにしか変化しません。

本書でもたびたび登場してきたプランクの定数hは角運動量の単位をもっているので、素粒子のスピン角運動量はすべてhの何倍になっているかで表現します（正確には、hを2πで割った値で$\frac{h}{2\pi}$。これを$\hbar$と書き、〝エイチバー〟と読む）。たとえば「3$\hbar$」というように表しますが、一般には$\hbar$を取って単に「3」と書きます。

このように素粒子のスピン角運動量（スピンの強さ）を数値だけを使って表すと、

0、1、2、3、4、5、……のように整数で表される場合と、

$\frac{1}{2}$、$\frac{3}{2}$、$\frac{5}{2}$、$\frac{7}{2}$、$\frac{9}{2}$、……のように奇数を2で割った値で表される場合

とがあります。素粒子がなぜスピンしているのかはわかっていませんが、もし素粒子がスピンしていなかったなら、原子は形成されなかったといえるでしょう。つまり、素粒子のスピンなくして、私たち人間もこの世に出現しなかったということになり、世の中は実にふしぎに満ちているものだと感慨を覚えます。

フェルミ粒子とボース粒子

スピン角運動量をご紹介したのには、重要な理由があります。スピンの強さを数値化した際の二つのパターンが、それぞれ別種の粒子を表しているからです。

まず、整数（0、1、2、3、……）で表されたスピン角運動量をもつ素粒子は、すべて「ボース粒子」（ボゾン）と呼ばれます。弱い相互作用を媒介する三つのゲージ粒子（W^+ボゾン、

W^-ボゾン、Z^0ボゾン）もその仲間です。インドの物理学者、サティエンドラ・ボース（1894〜1974）にちなんで命名されました。

一方、奇数を2で割った値（$\frac{1}{2}$、$\frac{3}{2}$、$\frac{5}{2}$、$\frac{7}{2}$、……）のスピン角運動量をもつ素粒子は、すべて「フェルミ粒子」と呼ばれています。史上初めて原子炉を設計・製造したイタリアの物理学者、エンリコ・フェルミ（1901〜54）に由来します。

この世のすべての素粒子は、フェルミ粒子かボース粒子のいずれかに属しています。陽子や中性子、電子やクォークなど、原子の構成要素となっている素粒子はことごとくフェルミ粒子です。他方、力を運搬するゲージ粒子はすべて、ボース粒子となっています。そのため、ゲージ粒子は「ゲージ・ボゾン」とも呼ばれます。

もう少し具体的にいうと、フェルミ粒子である電子やクォークのスピン角運動量は$\frac{1}{2}$になっています。また、重力子を除くすべてのゲージ粒子のスピン角運動量は1です。「スピン角運動量」は単に「スピン」とも呼ばれます。

力を伝える相互作用とは、二つのフェルミ粒子の間でボース粒子が交換され、それによってフェルミ粒子が互いに力を感じ合う現象ということになります。力を運ぶゲージ粒子がなぜボース粒子なのかは説明が難しいのですが、湯川博士が「核力を担う粒子」の正体を考察していた際に、いずれもフェルミ粒子である電子にしたりニュートリノにしたりとさまざまに検討していたのですが、ことごとく失敗し続けていました。当時、存在が知られている粒子は、光子を除いてすべてフェルミ粒子だったのです。

そこで、湯川博士は「核力を伝達する粒子はボース粒子であるに違いない」と大胆な着想をしました。その結果、すべてがうまくいき、スピンゼロ（ゼロは整数！　したがってボゾン）の中間子のアイデアが芽生えたのです。

ところで、フェルミ粒子には「パウリの排他律」という規則が適用されます。先に登場したヴォルフガング・パウリによって提唱されたもので、二つ以上の同じ種類のフェルミ粒子（たとえばいくつかの電子）が集まると、それら同種のフェルミ粒子が同時にまったく同じエネルギー、まったく同じスピンの方向、まったく同じ運動量、まったく同じ位置、――すなわち、まったく同じ物理状態をもつことは許されない、と規定します。

世に存在する物質がすべてフェルミ粒子だけからでき上がっているのは、パウリの排他律によるものです。原子を構成するフェルミ粒子が同一の物理状態をとれないために、原子は決して潰れることがないのです。少なくとも地上においては、物体に相当な圧力をかけても変形する程度で、個々の原子の形まで変わることはありません。物体内で個々の原子の空間的な配置が変わるだけです。

一方、ボース粒子の場合には、パウリの排他律が適用されることはありません。同じ種類のボース粒子がたくさん集まると、それらすべてのボース粒子が同時にまったく同じ物理状態（同じエネルギー、同じスピン、同じ位置など）になることが許されます。

特に、温度が絶対ゼロ度に近いような極低温の場合には、エネルギーの値がたった一つしかなくなるために、たくさんの同種のボース粒子がすべて同じエネルギーをもつようになり、個々の粒子の区別はまったくつかなくなります。ボース粒子が起こすこのような現象を、発見者二人の名前をとって「ボース-アインシュタイン凝縮」と呼びます。凝縮するボース粒子の数に制限はありません。

日常の感覚的には、パウリの排他律に従うフェルミ粒子のほうが理解しやすく、無制限に凝縮するボース粒子に驚きを感じる読者が多いことと思います。しかし実は、私たちの身のまわりにもボース粒子の凝縮を体感できるものが存在します。

それは、レーザー光線です。レーザー光線は多数の光子からなる細いビームですが、スピンが1である光子はれっきとしたボース粒子であり、凝縮可能なのです。多数の光子が凝縮した状態で、光速度のままほとんど広がることなく直進していくレーザー光線は、それだけエネルギーが密集しており、手術用のレーザーメスなど医学にも応用されています。もし光子がボース粒子でなかったなら、レーザー光線は実現しなかったことになります。

スピンの値が1で、さらに質量をもつボース粒子は、特に「ベクトル・ボゾン」と呼ばれています。何度も話題になっているように、弱い力を運ぶ三つのゲージ粒子（W^+ボゾン、W^-ボゾン、Z^0ボゾン）はいずれもスピン１で質量をもちます。したがってこれら三つは、すべてベクトル・ボゾンです。

奇妙なゲージ粒子、W^+ボゾンとW^-ボゾン

弱い力を運ぶゲージ粒子（スピン１）であるW^+ボゾンは陽電子の電荷と同じプラスの電荷をもち、W^-ボゾンは電子と同じマイナスの電荷をもっています。W^+ボゾンとW^-ボゾンを媒介にして起こる弱い相互作用の例をファインマン図で見てみましょう（図５－６）。

W^+ボゾンとW^-ボゾンを媒介にして起こる弱い相互作用では、クォーク（dクォークあるいはuクォーク）は自身の質量よりも数千倍の質量をもつWボゾンを放出しています。これは明らかにエネルギーを保存していませんので、これらWボゾン（W^+ボゾン、W^-ボゾン）はいずれも仮想粒子です。仮想粒子である以上はつかの間しか存在できず、すぐにも二つの別種の粒子（電子とニュートリノ）に崩壊してWボゾンは消滅してしまいます。

しかし、電荷は「無」から放出されたりひとりでに消滅することはないという「電荷保存の法則」は〝死守〟せねばならないので、図５－６の左側の弱い相互作用ではマイナス電荷をもつ

図5－6

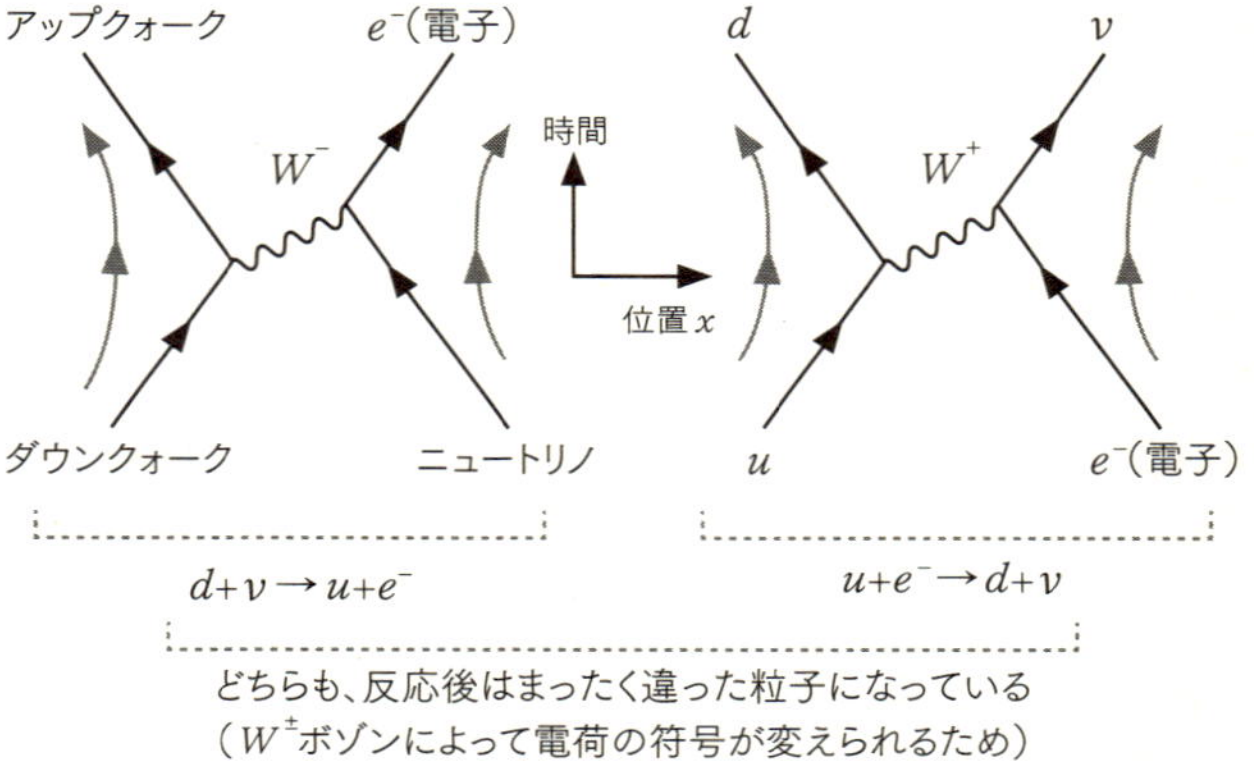

W^-ボゾンを放出したdクォークはその分の電荷を失うことになります。その結果として、dクォークがuクォークに変化してしまうのです。

この相互作用は図の下部に示したように、互いに少し離れたdクォークとニュートリノ（ν）がW^-ボゾンをキャッチボールしてuクォークと電子（e^-）が生成されると見ることもできます。生成されたuクォークと電子（e^-）のもつ電荷の総和が、W^-ボゾンの電荷に等しくなっています。

電荷が保存されるがゆえに、まったく同様のことがW^+ボゾンを媒介にして起こる図5－6の右側の弱い相互作用でも生じています。こちらは、互いに少し離れたuクォークと電子（e^-）がW^+ボゾンを交換して、dクォークとニュートリノ（ν）が生まれています。

123ページで、「『弱い力』というのは粒子同士を結びつける力というよりも粒子の種類を変えてしまう力」であると指摘しましたが、「電荷保存の法則」を厳格に守るがゆえに$W^{\pm}$ボゾンを媒介にして起こる弱い相互作用は粒子の種類（粒子のアイデンティティ）を変えてしまうのです。電荷はつねに保存されており、電荷に関するかぎりいかなる場合でも「不確定性原理」は成立しません。

ちなみに、ニュートリノは電気的に中性な素粒子で、「弱い力」と「重力」しか感じることができません。ニュートリノの質量はあまりに小さすぎて、長い間、その有無を決定することができずにいました。現在では、ニュートリノに質量があることは明確になっていますが、厳密な値が決定できないほど小さいために、個々のニュートリノは事実上、重力作用に参加できないと考えられます。

結局、素粒子レベルでは、ニュートリノは「弱い相互作用」にしか参加できないことになります。物体との相互作用がきわめて弱いため、人体はもちろん地球をも簡単に貫通してしまいます。質量をもつ素粒子でこの宇宙に最も多く存在しているのがニュートリノであるため、125ページで登場した暗黒物質の候補と考えられたこともありましたが、現在では完全に否定されています。

図5－7

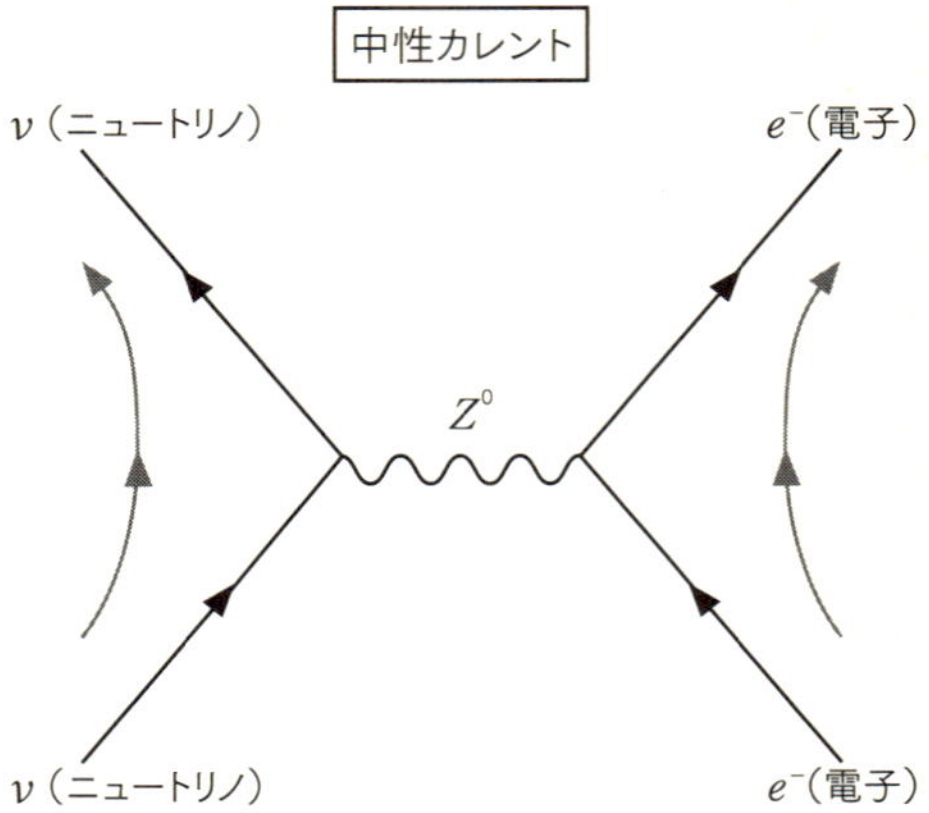

「粒子の種類を変えない」弱い相互作用

先ほど、「弱い相互作用は粒子の種類（粒子のアイデンティティ）を変えてしまう」という話をしました。ところが、素粒子の種類を変えない弱い相互作用も存在します。

ニュートリノは電荷を所有していないため、電子との間で電磁相互作用を起こすことはありません。さらに、この両者はいずれも「色荷」をもっていないので、「強い相互作用」も起こりません。ニュートリノと電子がともにもっているのは「弱荷」だけであり、両者の間に働く相互作用は「弱い相互作用」のみということになります（弱荷については215ページの説明を参照）。

弱い力を運ぶゲージ粒子が電荷をもつ$W^{\pm}$ボゾンである場合には、弱い相互作用はそれぞれの素粒子の種類（アイデンティティ）を変え、別種の粒子に変容させてしまいます。しかしニュートリノと電子の間で起こる弱い相互作用の場合には、電荷をもたないゲージ粒子の交換が生じます。そのような電気的に中性なゲージ粒子がZ^0ボゾンです。Z^0ボゾンのZは、電荷ゼロ（zero）から来ています。弱い相互作用において、弱い力を運ぶゲージ粒子が電荷ゼロのZ^0ボゾンである場合には、粒子の種類に変化が起きないのです（図5－7）。

素粒子のアイデンティティを変えないこの弱い相互作用は、電荷が変化しない中性の相互作用ということで「中性カレント」と呼ばれています。この特定の中性カレントにはニュートリノが関わっており、ニュートリノの質量がほぼゼロに近く、一方で電荷は正確にゼロということから、この弱い相互作用を実験的に確かめるには相当な困難が伴いました。

そして、中性カレントを起こすZ^0ボゾンの存在こそ、電磁相互作用と弱い相互作用を一つの相互作用に統一する重要な橋渡しとなったのです。

電磁相互作用と弱い相互作用の共通点

電磁相互作用と弱い相互作用を統一する？　唐突に感じた読者がいらっしゃるかもしれません。第4章で自然界に存在する四つの力（強い力、電磁力、弱い力、重力）を紹介した際に、「もともとこの自然界に存在している」と書きました。そしてこれら四つの力は、もともと一つであったと考えられているのです。

図5－8

2つの電子間の電磁相互作用

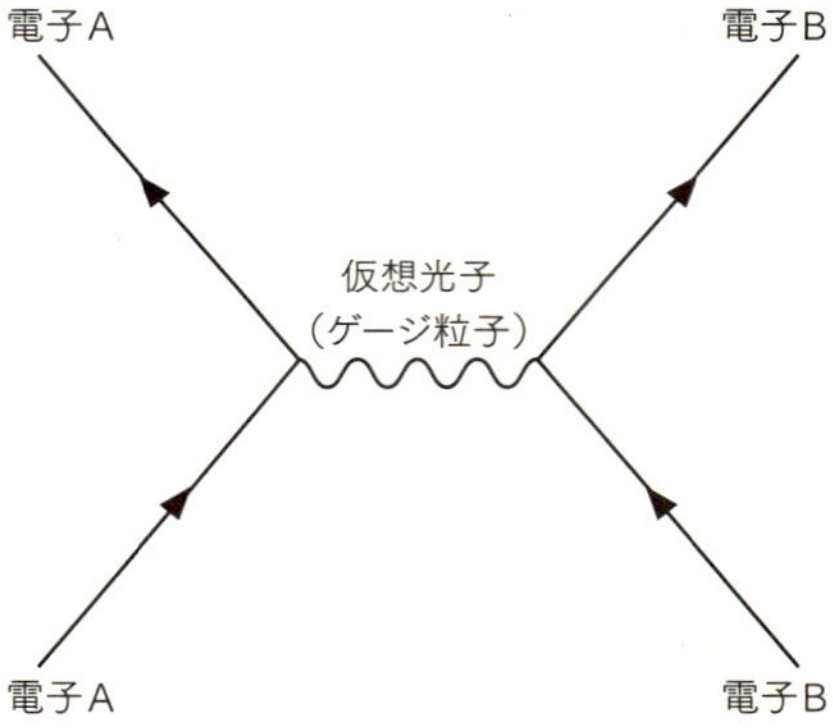

もともと一つだったのだから、これら四つの力を統一的に記述できる理論を打ち立てたい――物理学者はみな、こう考えています。そしてその第一段階としてまず統一されたのが、電磁力と弱い力であり、両者は「電弱力」と呼ばれる一つの力であることが判明したのです。その統一のための長い道のりの一里塚となったのが、Z^0ボゾンの存在でした。その道のりをじっくりとたどってみましょう。

　二つの電子の間に起こる電磁相互作用は、ゲージ粒子である仮想光子のキャッチボールによって起こります。光子は電荷をもたない電気的に中性な粒子で、なおかつ質量もゼロですから、電子から光子が発生しても、また電子が光子を吸収しても、電子自身がその種類を変えることはありません。電荷の変化も起こらず、電子のアイデンティティは元のままです。この世のすべての電子はまったく同じで区別できませんが、便宜上、二つの電子を電子A、電子Bと呼ぶことにします

（図5－8）。

他方、電子は電荷の他に「弱荷」ももっていますので、二つの電子A、Bの間にはZ^0ボゾンを媒介とした、中性カレントによる弱い相互作用も働きます（図5－9）。

図5－9

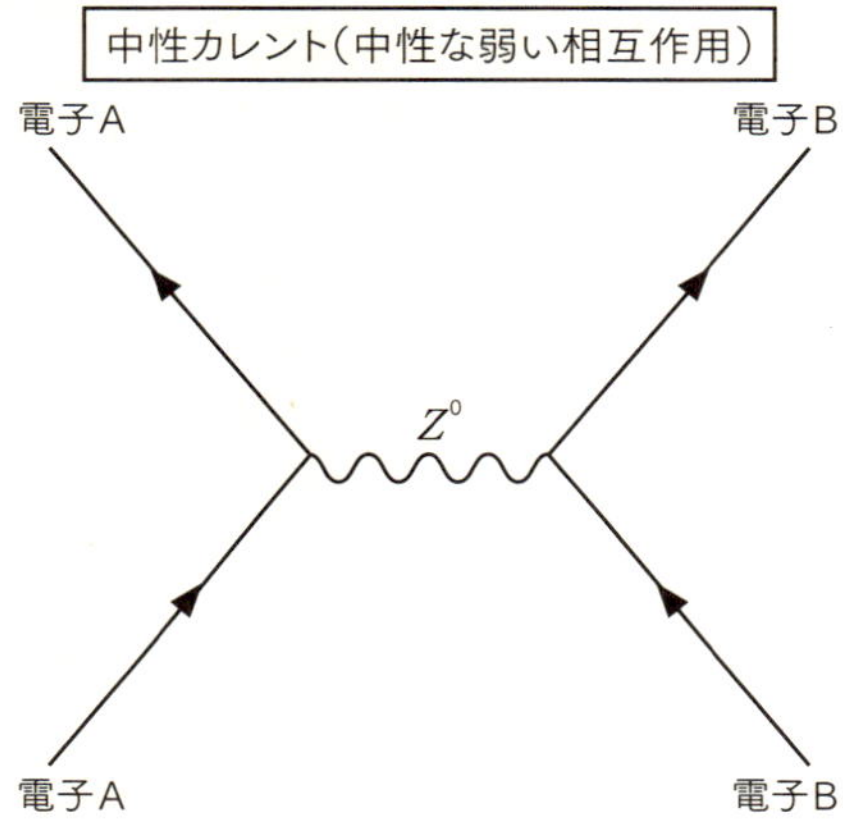

図5－8と図5－9の二つのファインマン図を、よく見比べてみてください。交換されるゲージ粒子（光子とZ^0ボゾン）にはともに電荷がなく、どちらも相互作用の前後で粒子の変化を生じさせていません。「電磁相互作用」と「中性カレントによる弱い相互作用」は、きわめてよく似ているのです。

ただし、大きな違いがあります。「中性カレント」で弱い力を伝達するZ^0ボゾンが質量をもっているのに対して、電磁相互作用における力の伝達粒子である光子は質量をもっていないことです。ここで一つの仮定がひらめきます。——もし、電気的に中性なゲージ粒子Z^0ボゾンに質量がなかったら、「電磁力」と「弱い力」は「電弱力」として統一されるのではないか？

こうして、Z^0ボゾンと光子の関係が、さらに深いレベルで追究されることとなったのです。

3世代にわたるクォークとレプトン

一方、弱い相互作用の探究は、フェルミ粒子の分類に新たなステージをもたらしました。

現在の素粒子理論である「標準模型」では、6種類のクォークと6種類のレプトンを扱います。いずれもフェルミ粒子で、そのうち強い力をまったく感じないフェルミ粒子を「レプトン」と呼びます。レプトンには、電子（e）に加え、「ミュー粒子（μ）」と「タウ粒子（τ）」、さらにこれら三つに対応する「電子ニュートリノ（ν_e）」、「ミュー・ニュートリノ（ν_μ）」、そして「タウ・ニュートリノ（ν_τ）」の3種のニュートリノがあります（「対応する」という部分が重要ですので、よく覚えておいてください）。

クォークは、自然界に存在する四つの力（強い力、電磁力、弱い力、重力）のすべてを感じます。クォークの種類には、すでに登場したアップクォーク（uクォーク）とダウンクォーク（dクォーク）に加え、チャームクォーク（cクォーク）、ストレンジクォーク（sクォーク）、トップクォーク（tクォーク）、そしてボトムクォーク（bクォーク）があります。

すべてのクォーク、すべてのレプトンが、スピン$1/2$のフェルミ粒子です。歴史的、理論的

図5－10

	クォーク	レプトン	
第1世代	u	ν_e	電子ニュートリノ
	d	e	電子
第2世代	c	ν_μ	ミュー・ニュートリノ
	s	μ	ミュー粒子
第3世代	t	ν_τ	タウ・ニュートリノ
	b	τ	タウ粒子

すべてのクォークもすべてのレプトンも内部構造のない素粒子。さらにこれらの各素粒子には反粒子が存在する

見地から新しいクォークが次々に発見され、それと並行して新しいレプトンも次々に発見されました。

ポイントは、両者が共通して「弱い力」を感じる点にあり、「弱い相互作用」を基準として分類されるようになりました。標準模型によれば、6種類のクォークと6種類のレプトンはそれぞれ二つ一組になって、第1～第3の世代を形成しています（図5－10）。

二つ一組になっている各世代（たとえば「uクォークとdクォーク」、「電子ニュートリノと電子」）を「二重項」と呼びます。各二重項内では、図5－11のように「弱い相互作用」を通して上下の粒子が入れ替わります。世代に関係なく、各二重項における下側の粒子がW^-ボゾンを放出して上側の粒子に変わり、上側の粒子はW^+ボゾンを放出して下側の粒子に変わります。

二重項における上下の粒子の入れ替わりを理解するポイントは「電荷保存の法則」です。ニュートリノの電荷はゼロ

図5－11

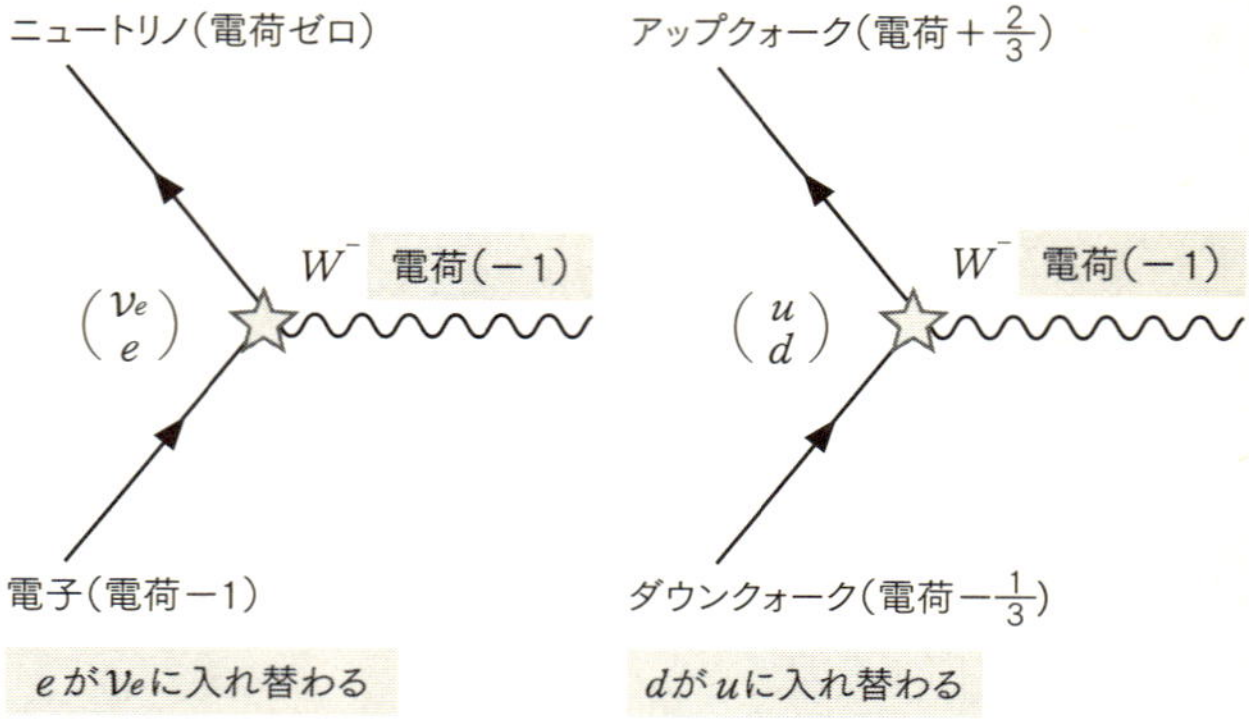

☆は頂点を表す。頂点から$W^{\pm}$ボゾンが“生成・放出”される。同じような図が第2・第3世代に対しても描かれる

で、電子は（-1）です。uクォークの電荷は（$+\frac{2}{3}$）で、dクォークの電荷は（$-\frac{1}{3}$）です。W^-ボゾンの電荷は電子と同じ（-1）で、W^+ボゾンの電荷は（$+1$）です。図5－11の頂点（☆）を見ると、電荷が保存されていることがわかります（左側では$-1=0+(-1)$。右側では$-\frac{1}{3}=+\frac{2}{3}+(-1)$）。

個々の二重項において上下の粒子の電荷の差は（$+1$）か（-1）となっており、$W^{\pm}$ボゾンの電荷とちょうど等しくなっています。「粒子の種類が変わる」とは「電荷が変化すること」であり、これが二重項の意味なのです。

世代数と二重項による分類によって、「弱い相互作用」はいっそう深く理解されるようになりました。その背景には、日本の小林誠博士（1944～）と益川敏英博士（1940～）

による大きな貢献があります。

１９７０年ごろまでは、第2世代までのクォークやレプトンしか発見されていませんでした。第4章で反粒子について説明しましたが、現在の宇宙にある粒子の数は反粒子の数を圧倒しています。しかし「対称性」ということを考えると、誕生直後の宇宙では粒子の数と反粒子の数が同じであったと考えるのが自然です。

なぜ現在の宇宙に反粒子でできた反原子や反分子、さらには反物質や反人間がまったく見当らないのか？――この謎はまだ完全に解明されてはいないのですが、粒子とその反粒子を比べた場合、弱い相互作用の生じ方に違いがあることが予測されています。

小林、益川両博士は１９７３年、クォークとレプトンに第3世代が存在すれば、「粒子‐反粒子」のアンバランスが説明できるという論文を発表しました。「小林‐益川理論」と呼ばれる二人の主張は、１９７５年にタウ粒子、１９７７年にボトムクォーク、１９９５年にトップクォーク、そして２０００年にタウ・ニュートリノがそれぞれ発見されたことで実証されました。これらの研究により、二人は２００８年のノーベル物理学賞を受賞しています。

すべての世代のクォークはクォークとしての性質をもち、すべての世代のレプトンはレプトンとしての性質をもちます。なぜ3世代しかないのかはわかっていませんが、世代数が増えるほど各世代のフェルミ粒子の質量は増え、世代間の違いは質量だけです。

素粒子も「崩壊」する！

人体を含め、私たちの周囲にあるすべての観測しうる物質は、エネルギー的に最も安定した第1世代のフェルミ粒子だけで構成されています。第2、第3世代に属するクォークとレプトンは高エネルギー実験装置を使わないかぎり観測されることはなく、また観測されたとしても質量が大きいために（すなわち、エネルギーが大きいために）不安定で、最も質量の小さい（最もエネルギーが低く最も安定な）第1世代の粒子に崩壊してしまいます。そこで、このあとの議論では、第1世代の二重項だけを考えることにします（図5－12）。

改めて、第1世代の粒子に起こる弱い相互作用を見てみましょう（図5－11）。同図では、クォークの二重項において下側のdクォークがW^-ボゾンを放出して上側のuクォークに変わり、レプトンの二重項においては下側の電子がW^-ボゾンを放出して上側の電子ニュートリノに変わっています。

同様のことが、第2、第3世代の二重項においても起こります。つまり、この「二重項」という存在が最も基本的なレベルでの弱い相互作用を明示していることになります。

図5－11の「頂点」でエネルギー保存の法則を破って発生するW^-ボゾン（仮想粒子）の質量は、クォークやレプトンの質量よりもはるかに大きくなっています。質量が大きいということは

$E=mc^2$からエネルギーが大きいということになり、不確定性原理にしたがってエネルギー幅が大きくなるので存在できる時間間隔はきわめて短く（65ページ参照）、つかの間に崩壊して軽い実粒子（クォークやレプトンのペア）になります。だからこそ、弱い力の到達距離はきわめて短く、原子核の直径の１０００分の1程度に留まるのです。

この現象が非常に面白いのは、内部構造をもたない素粒子においても崩壊が起こる点にあります。繰り返しになりますが、質量の大きな素粒子は$E=mc^2$に従ってエネルギーが大きく、エネルギーが大きい分だけ不安定で、エネルギーを外に吐き出そうとする傾向が強いのです。エネルギーを下げることによって、その素粒子のエネルギーは小さくなって安定化し、ふたたび$E=mc^2$に従ってその素粒子の質量は小さくなります。

「素粒子が崩壊する」際には、必ずその質量が減少して軽い素粒子へと変化します。ただし、運動量やスピン角運動量を保存しなければならないために、重い素粒子が崩壊すると、一般に1個以上の軽い（別種の）素粒子に崩壊します。そして、崩壊後に発生した1個以上の素粒子の質量をすべて足し合わせても、崩壊前の元の素粒子の質量よりも小さくなっています。減少した質量に相当する分のエネルギーは、崩壊後に発生した1個以上の軽い素粒子の運動エネ

図5－12

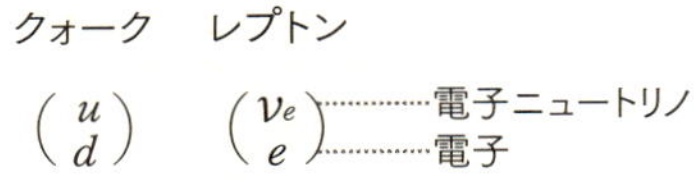

ルギーとして費やされるからです。

結局、重い粒子はより不安定で崩壊しやすく、軽い粒子はより安定で崩壊しにくいということになります。たとえば、非常に軽い電子は絶対に崩壊することなく、きわめて安定な粒子です。

重い粒子ほど不安定ということでいえば、最終第６章の主役である「ヒッグス粒子」も引けをとりません。２０１２年７月４日にＣＥＲＮのＬＨＣによって検出されたとされる「ヒッグス粒子」の質量は、重金属の一つの原子ぐらいの質量をもっていることが突き止められたようです。陽子の質量の、約１３４倍にあたる数値です。こんなに質量が大きくても（こんなに重くても）、ヒッグス粒子は内部構造のない素粒子なのです。

質量がかくも大きいということは、$E=mc^2$ からそれだけ多量のエネルギーをもっているということで、きわめて不安定な粒子であることが読者のみなさんにも容易に想像されるでしょう。実際に、巨額の予算を要したＬＨＣのような実験装置を使ってせっかく真空から叩き出したヒッグス粒子は、文字どおり「アッ」という間もなく別種の素粒子に崩壊してしまいます。現在の技術では、ヒッグス粒子そのものを直接観測することは１００％不可能なのです。

ヒッグス粒子の質量がかなり正確にわかれば、ヒッグス粒子独特の崩壊の仕方を突き止めることができます。その崩壊過程を綿密に調べ上げることによって、ヒッグス粒子をとらえるのです。

ここで断っておきますが、CERNで真空の極小領域に莫大なエネルギーをつぎ込んで真空から叩き出されたヒッグス粒子は、仮想粒子ではなく実の粒子です。現在の、冷え切ってエネルギーの低い宇宙空間には、実のヒッグス粒子は存在しません。かつて存在していたとしても、とっくの昔にずっと軽い安定な素粒子、たとえば光子やレプトンに崩壊してしまっています。

ただし、仮想ヒッグス粒子は真空に出没しています。ヒッグス粒子は電荷がゼロなので反ヒッグス粒子は存在せず、この仮想ヒッグス粒子が、真空からこの世界に叩き出されたのです。

弱い相互作用は「左巻き」がお好き

光子やグルーオンのように、もしすべてのフェルミ粒子（クォークとレプトン）に質量がないものと仮定すると、すべてのフェルミ粒子は光速度で真空を走りまわります。そこでフェルミ粒子のスピンの方向と走る方向の関係を考えてみましょう。177ページで登場した「右ネジ法則」を思い出してください。ネジの回転がスピンの方向で、ネジの進む方向が粒子の運動方向です。フェルミ粒子に当てはめると、図5－13のようになります。右ネジ法則に従うフェルミ粒子を、「右巻きのフェルミ粒子」と呼ぶことにしましょう。

他方で、「左ネジ」も考えられます。つまり、やわらかい板の上に直立させて、ネジ回しで左回りに回してやると板に食い込んでいくネジです。左ネジは、回転方向と運動方向が右ネジとは

図5－13

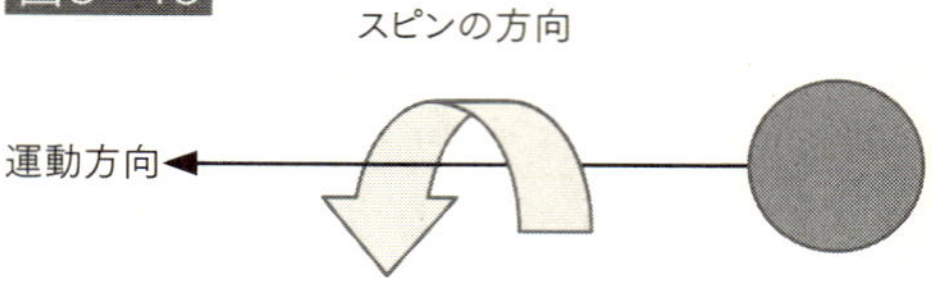

右ネジ法則に従う「右巻き」のフェルミ粒子。矢は運動方向を示す

図5－14

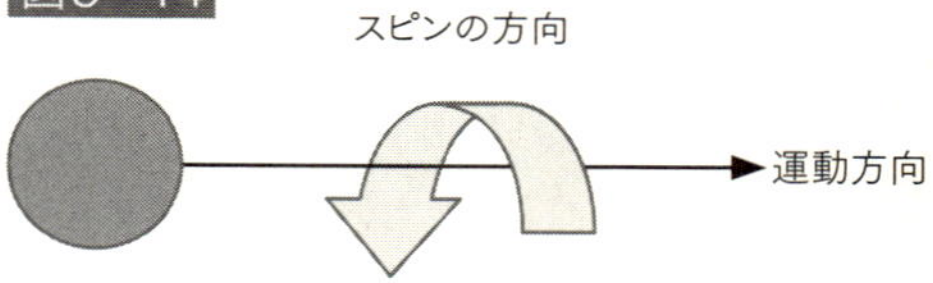

左ネジ法則に従うフェルミ粒子の運動方向。左巻きのフェルミ粒子

逆になっています。この左ネジの回転とその運動方向をフェルミ粒子に当てはめると、スピンの回転方向は右ネジの場合と変わりませんが、ネジが動く方向はまったく逆（右方向）になります（図5－14）。左ネジ法則に従うフェルミ粒子を、「左巻きのフェルミ粒子」と呼びます。

素粒子における右巻き／左巻きのことを、「素粒子のカイラリティ」といいます。素粒子のカイラリティは、スピンの回転方向と素粒子の運動方向に関係した物理量です。

今考えているフェルミ粒子は質量がないものとしているので、右巻きであろうと左巻きであろうとつねに光速度で走っています。相対性理論によれば、光速度以上の速度は存在しないわけですから、いかなる観測者もフェルミ粒子を追い越すことはできません。

質量のないフェルミ粒子は必ず「右巻き」か「左巻き」かのどちらかで、観測の仕方によって、右巻きが左巻きに、あるいは左巻きが右巻きに変化するということは絶対に起こりません。右巻きはつねに右巻きで、左巻きはつねに左巻きです（少々ややこしい話ですが、「質量の起源」に関してきわめて重要なことを含んでいますので、しっかり頭に入れてください！）。質量ゼロの場合はカイラリティは変化しないため、「カイラル対称性」が保存されています。

173ページ図5－1で示したように、放射性物質の原子核がベータ崩壊する際には中性子が崩壊して陽子に変わりますが、クォーク・レベルではdクォークがW^-ボソンを放出し、そのW^-ボゾンが反ニュートリノと電子へと崩壊します。非常に面白いことに、W^-ボゾンは（W^+ボゾンも）左巻きのクォークにしか作用しないのです。

つまり、弱い相互作用は「左巻き」のフェルミ粒子だけを選り好みするのです。なぜそうなのかはわかっていません。したがって、201ページ図5－10に示した3世代にわたって二重項を形成するすべてのクォークとレプトンは左巻きです。ただし、反粒子に対しては、弱い相互作用は右巻きの粒子にしか作用しません。

ここで一つ想像力を働かせてみましょう。弱い相互作用が起こるようす——たとえば放射性物質から電子（左巻き）と反ニュートリノ（反粒子なので右巻き）が飛び出てくるようす——を鏡に映すとどうなるでしょうか？　左巻きの電子は右巻きに、反粒子で右巻きの反ニュートリノが左巻きに変わるはずですね？

当然のように思えますが、よくよく考えるとこれは実に理不尽なことです。なぜなら、弱い相互作用は左巻きの電子と右巻きの反ニュートリノにしか作用しないからです。つまり、鏡に映し出された弱い相互作用は、現実には絶対に起こりえないのです！

問題はさらに続きます。現実的には、電子も反ニュートリノも質量をもっています。質量をもつ粒子の速度は、必ず光速度以下です。したがって、原理的には観測者は走っている粒子を追い越すことができます。粒子を追い越した観測者が振り返ってその粒子を見ると、粒子の運動方向が逆転します。その観測者の観点からは、右巻き粒子は左巻きに、左巻き粒子は右巻きに変わってしまうわけです。

すなわち、素粒子が質量をもつようになると、「カイラル対称性」が破れるのです。質量をもつフェルミ粒子は、観測の仕方いかんによっては右巻きが左巻きに、左巻きが右巻きに変わってしまう……。粒子を追い越した観測者の目には、弱い相互作用は右巻き粒子（左巻き反粒子）に作用することになり、弱い相互作用が左巻き粒子（右巻き反粒子）にしか作用しない現実と齟齬《そご》を来してしまうのです。これもまた、まったく理不尽なことです。

フェルミ粒子は質量をもってはいけないのでしょうか？

頭が混乱してきた……という読者のために結論をいいますと、質量をもつフェルミ粒子は「左巻き成分」と「右巻き成分」の両方が量子力学的に混じっているということなのです。弱い相互作用は、質量をもつフェルミ粒子の「左巻き成分」、あるいは「(質量をもつフェルミ粒子の)反粒子の右巻き成分」としか作用しないのです。

きわめて興味深いことに、電磁相互作用や強い相互作用は「右巻き粒子」にも「左巻き粒子」にも同等に作用し、選り好みなどしません。素粒子のスピンが及ぼす影響は、実にふしぎな現象を生み出すのです。

「弱荷」の正体

ここで、陽子と中性子の間に働く「核力」を思い出してください。核力に関するかぎり陽子と中性子はまったく区別がつかず、そこに「アイソスピン」という概念が導入されました。アイソスピンが180度回転すると、陽子と中性子が入れ替わるというものです。

そのことを念頭に置きながら、こんどはクォークとレプトンの各世代における「二重項」を思い起こしましょう(201ページ参照)。弱い相互作用に関するかぎり、第1世代にあるdクォークとuクォークは同じ粒子として扱われ、互いに入れ替わってもその間に働く弱い力の強さは変わりません。また電子と電子ニュートリノも同じ粒子として扱われ、両者が入れ替わってもその間に働く弱い力には何の変化も生じません。

したがって、陽子と中性子のときと同様に、アイソスピンを導入することによって、その向きの違いでdクォークとuクォーク、電子と電子ニュートリノを識別するのです（一つの二重項内の二つの粒子の間には質量と電荷の違いが存在しますが、ここでは2粒子間の弱い相互作用だけを考えるので、ひとまず無視することにします）。この弱い相互作用におけるアイソスピンを「弱アイソスピン」と呼びます。

アイソスピン同様、弱アイソスピンも矢で表されるので、クォークとレプトンの二重項におけるいずれかの粒子が上向きの弱アイソスピンをもち、もう一方が下向きの弱アイソスピンをもちます。矢を１８０度回転させると弱アイソスピンはひっくり返り、uクォークとdクォークが入れ替わります。電子と電子ニュートリノも同様です。両者が入れ替わっても弱い相互作用の強さは変化せず、入れ替わる際に202ページ図5-11のようにWボゾンが生成・放出されます。

まず、クォーク二重項（uクォークとdクォーク）から考えてみましょう。弱アイソスピン空間（抽象的な内部空間）において、空間の各点でクォークの弱アイソスピンを47度だけ回転してみます。実際の空間における素粒子のスピンと同じように弱アイソスピンも量子力学に従い、弱アイソスピンが47度だけ回転するとuクォークとdクォークが混じり合います。より具体的には、たとえば「uクォークらしさ」が40％で「dクォークらしさ」が60％というように、状態が重なり合うことでどちらの粒子なのかがはっきりしなくなってしまうのです。

図5－15

弱アイソスピンの回転

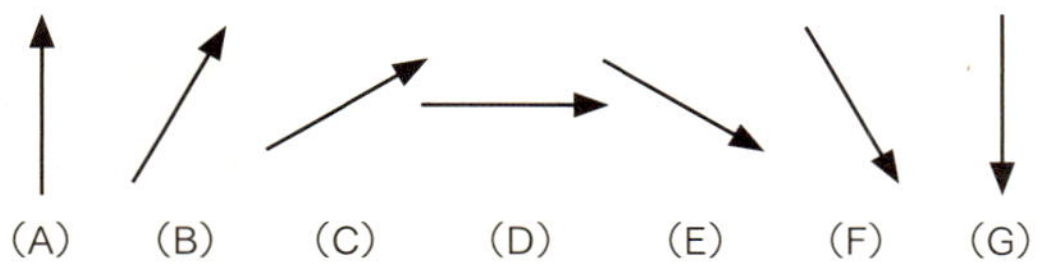

弱アイソスピンが180度回転すれば、uクォークとdクォークは完全に入れ替わり、あやふやさはなくなります。まったく同じことがレプトン二重項（電子と電子ニュートリノ）にも起こります。クォーク二重項でuクォークらしさとdクォークらしさの混じり具合を、矢で表現した弱アイソスピンの回転で表します（図5-15）。回転角度の違いが混じり具合の程度（%）を示しています。

(A) dクォークらしさが100%でuクォークらしさが0%。つまり、dクォークそのもの
(B) dクォークらしさが80%、uクォークらしさが20%
(C) dクォークらしさが60%、uクォークらしさが40%
(D) dクォークらしさが50%、uクォークらしさも50%
(E) dクォークらしさが40%、uクォークらしさが60%
(F) dクォークらしさが20%、uクォークらしさが80%
(G) dクォークらしさが0%、uクォークらしさが100%。つまり、uクォークそのもの

(A)から始まって(G)まで回転すると、dクォークとuクォークが完全

に入れ替わったことになります。これらどの場合でも「弱い相互作用」の強さは変わりません。弱い相互作用の強さは、弱アイソスピンの回転に対して不変だからです。まったく同じ図が、レプトン二重項（電子と電子ニュートリノ）に対しても描かれます。弱い相互作用に参加するクォークやレプトンの二重項は「弱アイソスピン二重項」といいます。

この「状態（らしさ）」の混合（状態の重ね合わせ）は量子力学独特のものです。クォークもレプトンも、量子力学では波として扱われ、したがって「波動関数」で表されます。そこで今、弱アイソスピン二重項における粒子の波動関数に対して、「局所的なゲージ変換」をしてみます。つまり、弱アイソスピン空間の各点・各時間において、弱アイソスピンの回転角度を任意に変えてみるのです（ここでも、回転角度が変わっても矢の長さは変わらないことに注意してください）。

これは、空間の各点・各時間において弱アイソスピンの角度を勝手に変えることで、二重項の二つの粒子を量子力学的に混ぜることに相当します。さらに、波（波動関数）の位相を各点で勝手に変えてみます。波動関数は変化しますが、変化してもなおかつ弱い相互作用（ここでの物理法則）が変化しないよう（すなわち、ゲージ対称性を維持させるために）ゲージ場を導入します。

このゲージ場を量子化すると、３種のゲージ粒子（W^+ボゾン、W^-ボゾン、Z^0ボゾン）が現れます。「弱い相互作用」は摑みどころがなかなかハッキリせず、物理学者たちを長い間悩ませてきました。したがって、その理論も電磁相互作用より複雑です。「弱い相互作用」において保存されるのは、弱アイソスピンそのものではないのです。少し難しくなりますが、弱アイソスピンは内部空間においてベクトルとして表されます。ベクトルはX成分とY成分、Z成分の三つの成分をもち、弱アイソスピンもこのような三つの成分を有します。不確定性原理によって三つの成分のうち一つの成分しか確定値になりませんが、一般にはZ成分を指定します。Z成分の大きさは$\frac{1}{2}$です。

「弱い相互作用」において保存されるのは、このZ成分なのです。さらに、このZ成分が弱い相互作用の起こしやすさを決めるため、弱アイソスピンのZ成分のことを「弱荷」と呼びますが、一般には、弱アイソスピンのことを弱荷といっています。

これら一連の考察から、クォークもレプトンも「弱荷」をもっていると解釈されます。電荷が電磁力を発生させるのと同じように「弱荷」が弱い力を発生させるのです。ゲージ場理論に関するかぎり、三つのゲージ粒子（W^+ボゾン、W^-ボゾン、Z^0ボゾン）の質量はゼロになるはずです。

ところが――、ここで一つの疑問が生じます。ゲージ粒子だけでなく、弱い相互作用に関するかぎり、3世代を構成する二重項のクォークとレプトンにも質量がないものと仮定するとどうなるでしょうか？

すべてのフェルミ粒子は「左巻き」ということになります。電荷の相違はあっても、それぞれの二重項内の二つのフェルミ粒子は入れ替わったのちも左巻きのままであり、弱い相互作用に関してはまったく区別がつかなくなります。

たとえば、第1世代においては（くどいようですが弱い相互作用に関するかぎり）uクォークとdクォークは区別がつかなくなり、電子と電子ニュートリノも区別がつかなくなります。「区別がつかない」ということは、二重項内における二つのフェルミ粒子は、入れ替えに対して「対称性」をもつということです。

〝質量なし〟と仮定したことで、ここまでの話における弱い相互作用は、完全に「ヤン－ミルズ理論」に適合しています。しかし現実には、弱い力を運ぶ3種のゲージ粒子は質量をもち、フェルミ粒子もまた質量をもっています。つまり、二重項内における二つのフェルミ粒子は、入れ替えに対して「対称性」が破られているということです。

弱い力を担う3種のゲージ粒子はなぜ質量をもっているのか？——最終章では、「真空」に生じた劇的な変化のからくりを解き明かしながら、この謎に迫ります。

第6章 真空はなぜ「ヒッグス粒子」を生み出したのか

「宇宙の多様性」は真空から生まれた

この宇宙には、数え切れないほどの銀河団が存在します。銀河団は数十～数千の銀河で構成され、それぞれの銀河の中心はブラックホールになっています。一つ一つの銀河には銀河の大きさに応じて１０００万～１０００兆個の星があります。地球が属している銀河は「天の川銀河」と呼ばれ、その直径は10万光年ほどです。１光年は、光が1年かけて進む距離です。

２０１３年９月には、１９７７年に打ち上げられたアメリカの惑星探査機「ボイジャー１号」が35年もの歳月をかけて、人工物として初めて太陽系外の星間空間に到達したことが公式に発表され、話題になりました。かくもはるかな周縁をもつ太陽系も、広大な天の川銀河のほんの一点程度の領域を占めるのみです。宇宙全体から考えれば、極小ともいえる領域に地球があり、そこに私たち人類が生息しているのです。

ところで、実際の宇宙の大きさは現時点ではまったくわかっていません。人間の頭は宇宙から見ればなきに等しいほどですが、その小さな頭の中でこの広大な宇宙が意識され、この宇宙のからくりがある程度、理解できるまでになりました。宇宙から見れば取るに足りないような頭脳の中に広大な宇宙がすっぽりと入り込むのですから、実にふしぎなことだといわなければなりません！（アインシュタインと湯川博士の名言に基づきます）

生命がその誕生以来、進化とともに多様な生態を獲得してきたように、宇宙もまた、進化しています。時間（それは、宇宙スケールでの時間です）とともに変化し続けているのです。「宇宙の多様性」は、いったいどのようにして生まれてきたのでしょうか？　その原動力は何でしょうか？

そのカギを握っているのが、「質量」です。生物か無生物かにかかわらず、すべての物質には「質量」があります。逆にいえば、質量のないものは物質ではありません。たとえば、質量をもたない光子、すなわち光は物質ではありません。

物質のない空間とはどのような空間でしょうか？　本書を通じてその謎を探ってきた「真空」

です。では、物質は――なかんずく質量は、どこからどのようにして生まれてきたのでしょうか？

宇宙誕生直後から質量があったなどとは、とうてい考えられません。この宇宙の多様性の大元締を知るためには、「質量の起源」を知らなければならないのです。そして、質量の起源を探る理論的研究の中から、「ヒッグス理論」が登場しました。かつて、質量の存在しなかった宇宙に「ヒッグス場」が生まれ、いくつかの素粒子たちに質量を与えたというのです。

そして、ヒッグス場が誕生する背景には、「真空」に生じた劇的な変化がありました。まず真空に大きな変化が現れ、そこに忽然とヒッグス場が現れた。そして質量を獲得した素粒子たちが物質を形成し、宇宙の多様性を生み出してきたのです。つまり――、この宇宙のすべては「真空」から生まれてきたのです。

改めて「質量」とは何か？

質量とは何でしょうか？　「質量とは物質の量である」という答えは間違ってはいません。

スピードと運動方向を一緒にした物理量を「速度」と呼び、一直線上（同じ方向）を一定のスピード（等速）で運動することを「等速直線運動」といいます。どんな物体も最初に与えられた速度をそのまま永久に保とうする「欲望」をもっています。「等速直線運動を永久に保ちたい」

という欲望を、物体のもつ「慣性」といいます。これがニュートンの発見した「慣性の法則」です。物体になぜ慣性があるのか、その理由はヒッグス場にあるのかもしれません。慣性を量的に数値で表したものが、その物体の「質量」になるのです。

たとえば軽自動車と比較した際、荷物を満載した大型トラックのほうがブレーキをかけてもすぐには速度が変化しないことは容易に想像がつきますね。質量の大きな物体ほど、同じ速度を永久に保とうとする慣性が強く、速度変化を嫌うからです。物体のもつ質量とは「同じ速度を永久に保とうとする慣性の度合い」であり、この質量は「慣性質量」と呼ばれ、重力質量と区別されています。

素粒子理論の母体をなす「標準模型」に出てくる質量は、すべて「慣性質量」です。

「相転移」と「自発的対称性の破れ」

私たちの宇宙は、今から１３７億年前に誕生しました。宇宙誕生とほぼ同時に「時間」と「空間」、すなわち「時空」が現れましたが、宇宙初期の時空には膨大なエネルギーが秘められていたと考えられています。宇宙初期にはもちろん、一切の物質は存在しませんでしたが、物質の根源となる素粒子が発生したものと考えられます。

物質が存在しないということは、すべての素粒子は質量をもつことなく、質量ゼロのまま、光速度で好き勝手な方向に走り回っていたはずです。当時の宇宙空間には何の〝構造的特徴〟もなく、もし観測できたとしても、どの地点・角度から見てもまったく同じに見えたはずです。一様に広がったこのような空間は、「完全対称」であるといいます。

ところが、完全対称を保っていた宇宙に劇的な変化が生じる瞬間が訪れます。「真空の相転移」という現象によって、宇宙の完全対称性が自発的に破れるという事態が起きたのです。ここからの重要なキーワードになる「相転移」と「自発的対称性の破れ」について、理解しやすい「鉄と磁石の例」でご説明しましょう。

図6－1

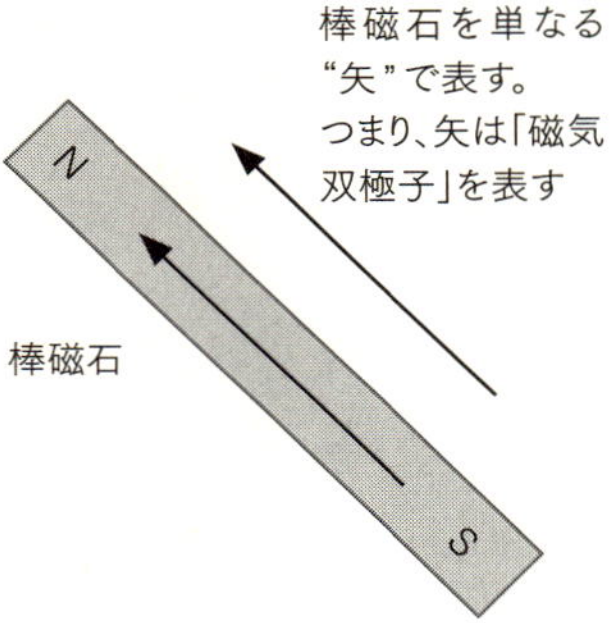
棒磁石を単なる
“矢”で表す。
つまり、矢は「磁気
双極子」を表す
N
S
棒磁石

鉄は強磁性という性質をもち、容易に磁石としての性質を示します。磁石はその両端に「磁極」をもっており、その一端がN極、もう一端がS極です。二つの磁極をもっている磁石は「磁気双極子」と呼ばれますが、磁気双極子は方向をもち、S極からN極に向かいます。簡略化して、磁気双極子を「矢」で表すことにしましょう（図6－1）。磁石を磁場のある空間に置くと、磁気双極子（矢）は磁場の方向に向きます。

原子の中心にある原子核のまわりには、電子が回っています。鉄も膨大な数の原子から構成されており、１個の鉄の原子核のまわりには26個の電子が回っています。155ページで紹介したように、電子も磁石である（すなわち磁気双極子である）ことが実験で確かめられ、永久磁石になっていることがわかっています。「強磁性体」と呼ばれる金属である鉄やニッケル、コバルトなどを構成する個々の原子の原子核のまわりを周回する電子が永久磁石になっているために、それらの原子全体も磁石になっているのです。

今、小さな球体の鉄を考え、その鉄を構成する原子すべてが磁気双極子になっているものとします。つまり、磁気双極子の集団のふるまいを考えるのです。

その鉄の温度がある温度以上の場合には、磁気双極子の方向はそれぞれバラバラで、勝手気ままな方向を向いています。その結果、互いの磁気を「打ち消し合う」ために、鉄球内の正味の磁気の強さはゼロとなり、鉄は完全に磁性を失います。すなわち、磁気双極子を表す矢がそれぞれまったくでたらめな方向を向いているために、その球体をどの方角からどんなふうに見てもまったく同じに見え、鉄球は「対称性」をもちます（図６－２）。

ちなみに、市販されているどんな磁石でも摂氏１０００度近くまで熱すると磁石ではなくなり、単なる金属になってしまいます。磁石内の磁気双極子が熱エネルギーによってかき乱され、まったくデタラメに並んでしまうためです。

ところが、この鉄球の温度をどんどん下げていって、ある温度に到達すると〝異変〟が起こります。すべての磁気双極子の方向が、ある特定の方向にそろってしまう温度が存在するのです。

面白いことに、どの方向にそろってしまうかは、まったくの偶然によります。磁気双極子がすべて同じ方向になることで、温度が高い状態では保たれていた対称性が失われます（図6－3）。その方向に並ぶ特別な理由がないことから、「自発的対称性の破れ」といいます。

「自発的対称性の破れ」によって、何が生じるでしょうか？

同じ球体ではあっても、対称性が破れたあとの鉄球を回転させると、回転の前後で明らかに違って見えます。磁気双極子がすべて同じ方向に向いているために、鉄球内では個々の磁気双極子の作り出す磁場が強め合い、その結果として鉄内の合成された磁場はゼロではなくなります。つまり、「自発的対称性の破れ」によって、鉄内に磁場が現れたわけです。

高温時には磁石ではなかったものが、ある温度以下に達すると磁石になったということは、鉄の物理状態が変化してし

図6－2

温度が高いときは対称

位置を変えても、見る方角を変えても、回転しても、まったく同じに見える

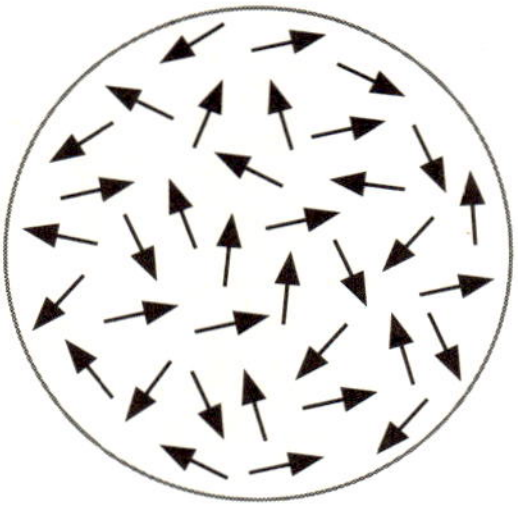

球体の鉄

仮に鉄内のすべての磁気双極子が肉眼で見えるとしたら……という模式図

図6−3

温度が低いときは非対称

回転によって矢の向きが変わるため、
回転前と後では同じに見えない

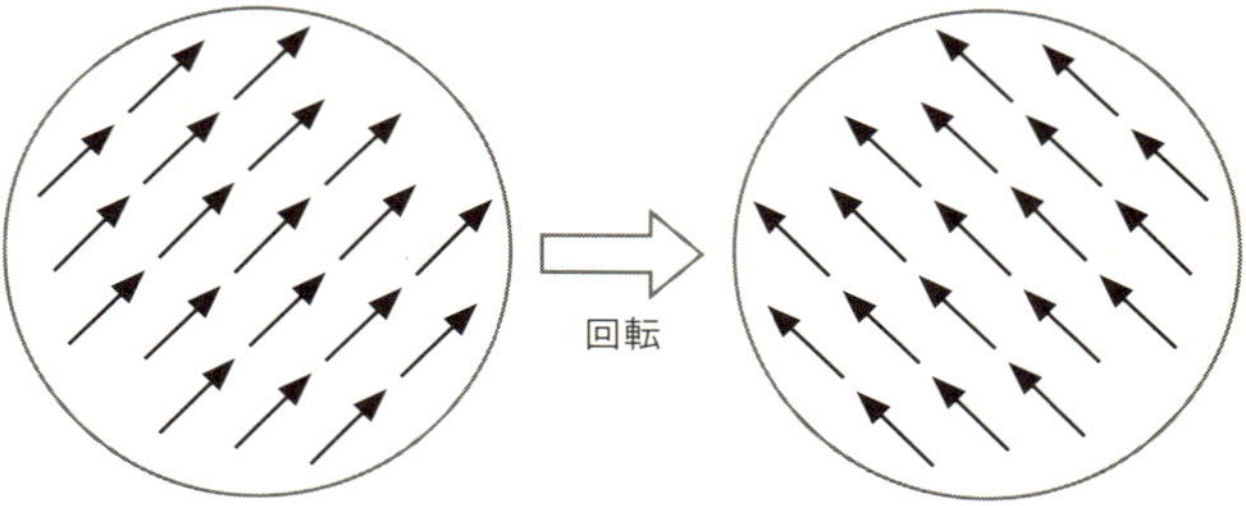

まったことを意味しています。このように物理的状態が変化することを、「相転移」と呼びます。つまり、鉄に相転移が起きたために、「自発的対称性の破れ」が生じたことになります。

温度が下がって液体の水が氷になるのも相転移です。この場合は、「液体相」が「固体相」に相転移します。液体の水では水分子がデタラメに配列されているので「対称性」がありますが、固体（氷）になると水分子が（勝手な方向ではあっても）規則正しく配列されて結晶をなすため、たとえば「回転対称性」が崩れます。すなわち、相転移が生じると、何らかの対称性が破られることになります。

ランダウの相転移のグラフ

ロシア（旧ソヴィエト連邦）の生んだ天才物理学者の一人に、レフ・ランダウ（１９０８〜68）がいます。低温物性物理学に多大な貢献をしたランダウは、1962年のノーベル物理学賞を受賞しました。このランダウこそ、物体に「相転移」が起こると「対称性が変化する」事実を見出した人物なのです。先の例では「ある温度」と表現しましたが、相転移が起こる温度を「転移温度」と呼びます。問題を簡素化するために再度、強磁性体（鉄）の例を用いましょう。

鉄内の磁気双極子（矢）がバラバラの方向ではなく、すべて勢揃いしてある一定の方向に向くのは鉄の温度（転移温度）によるわけですが、鉄内でのエネルギー（自由エネルギーといいます）は磁場がゼロの前者のほうが高く、ゼロでない磁場が生じた後者のほうが低くなっています。個々の磁気双極子が周囲に磁場を発生させ、互いに他の磁気双極子が作った磁場を通して相互作用しています。この相互作用がもたらすエネルギーが、鉄の内部に蓄えられているのです。

鉄の内部エネルギーは、転移温度以上でかつ温度が一定の下では磁気双極子（矢）の並び方に左右されます。温度が一定であれば同じ方向に並ぶ磁気双極子の数が多いほどエネルギーは高くなり、最もでたらめな並び方（正味の磁気がゼロ）になったときに最低値となります。これが図6-4に示すグラフの縦軸に相当するエネルギーですが、鉄内のエネルギーと鉄の温度を区別してください。

ここでは、転移温度以下になった際に「磁気双極子の方向がすべて上向きになる」、もしくは「すべて下向きになる」のいずれかの状態しかない場合を考えます。上向きになった場合の磁気

図6－4

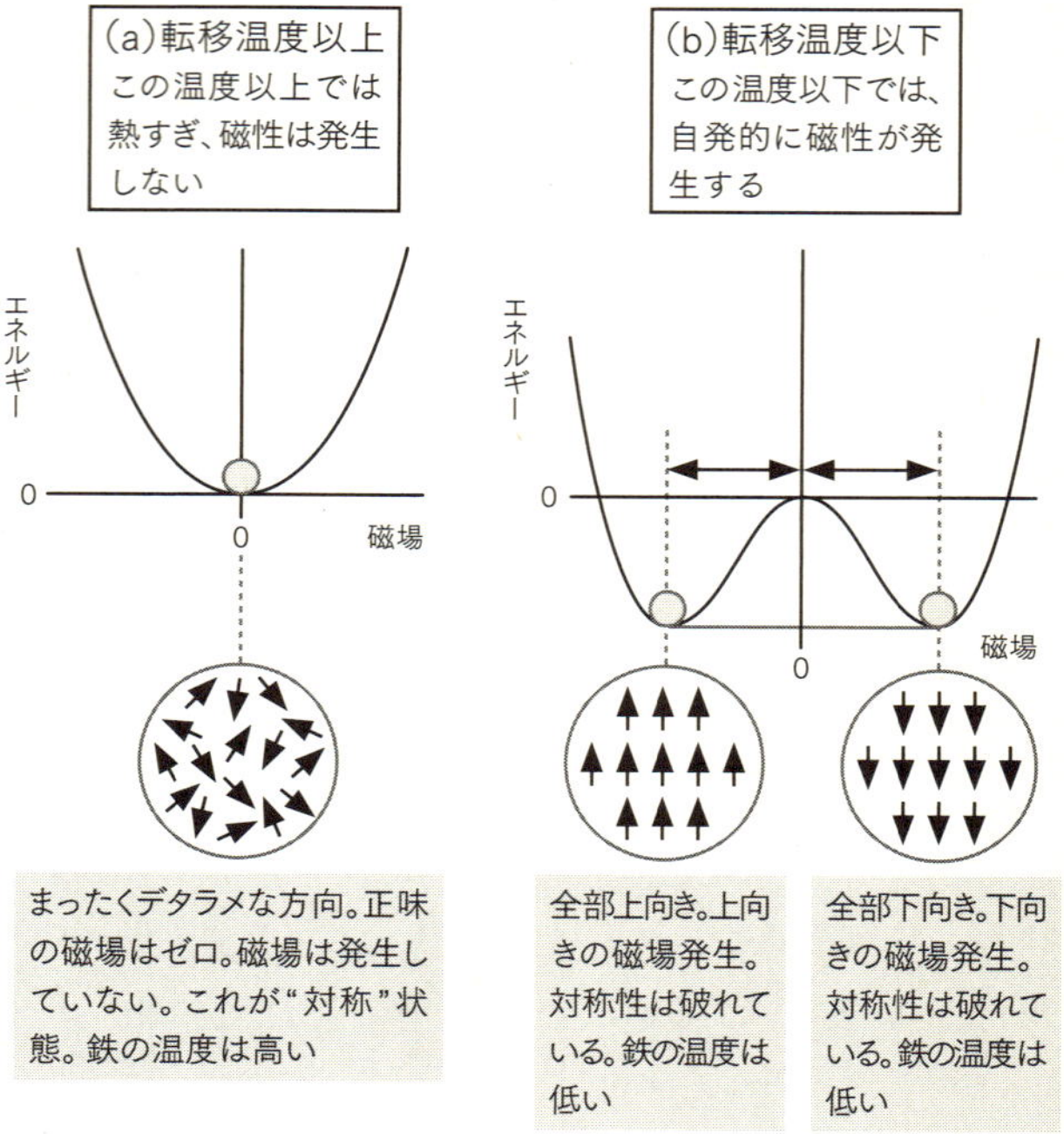
(a)転移温度以上
この温度以上では
熱すぎ、磁性は発生
しない
(b)転移温度以下
この温度以下では、
自発的に磁性が発
生する
エネルギー
0
0
磁場
エネルギー
0
0
磁場
まったくデタラメな方向。正味
の磁場はゼロ。磁場は発生し
ていない。これが“対称”状
態。鉄の温度は高い
全部上向き。上向
きの磁場発生。
対称性は破れて
いる。鉄の温度は
低い
全部下向き。下向
きの磁場発生。
対称性は破れて
いる。鉄の温度は
低い

双極子のもたらす磁場をマイナスとし、下向きになった場合の磁気双極子がもたらす磁場をプラスとします。ランダウは、鉄の内部のエネルギーと磁場との関係を図6－4のようなグラフで表したのです（横軸が鉄内の磁場、縦軸が鉄内の自由エネルギー）。

　前述のとおり、自然には「エネルギーが最も低い状態を好む」という鉄則があります。エネルギーの最も低い状態が最も安定だからです。

鉄が転移温度以上（熱い！）にある場合を示した図6－4(a)には、エネルギーの最も低い点はたった一つしかなく、それはグラフの原点です。原点の磁場がゼロになっていることに注目してください。これは、磁気双極子（矢）の方向がバラバラの場合で（223ページ図6－2）、鉄は対称性を保っています。

一方、鉄の温度が転移温度以下（冷たい）の場合を示した図6－4(b)では、エネルギーの最も低い点は二つあります。原点をはさんで左右に一つずつです。つまり、(b)のグラフでは自然が最も好む「最もエネルギーの低い点」における磁場はゼロになっていません！　原点の左側にあるエネルギーの最も低い点は磁気双極子（矢）がすべて上を向いた場合を、右側の最低点は磁気双極子がすべて下を向いた場合を示しており、いずれも対称性は失われています。この二つの場合の鉄内の磁場は、個々の磁気双極子がもたらした磁場が加算される結果、ゼロにはなりません。

ランダウによって得られたこの相転移のグラフは、このあとも重要な役割をはたしますので、しっかりと覚えておいてください。

超伝導——南部陽一郎が魅入られたふしぎな現象

「相転移」が発生して「自発的対称性の破れ」が生じるようすを劇的な形で体感できる現象に、「超伝導」があります。

金属の内部では、多数の「自由電子」が飛び回っています。金属内に「電流」を生み出す源です。ただし、金属内では陽子のもつ電荷によってプラスに帯電した多数の原子が固定されて「結晶格子」を形成しており、いかに〝自由〟とはいえ、原子にぶつかるなどして自由電子は抵抗を受けます。これが、電流に対する「電気抵抗」となります。

しかし、金属の種類によっては、温度をどんどん下げていってある温度に達すると電気抵抗が突然、正確にゼロになってしまうものがあります。「ある温度」と「突然の状態変化」がふたたび登場しました。そうです、これもまた金属の性質（物理状態）がある温度を境にして突然、変わってしまう「相転移」の一つなのです。

この場合の「ある温度」を「臨界温度」と呼び、電気抵抗がゼロになった金属を「超伝導体」といいます。リング状になった超伝導体にいったん電流が流れると、電気抵抗がないために電源なしで電流が流れ続けます。電源を切っても電流は止まりません。このようなふしぎな現象が、なぜ起こるのでしょうか？

「おいおい、ちょっと待ってくれ！　確かにふしぎな現象だけど、知りたいのは超伝導のしくみじゃない。『真空のからくり』と『質量の起源』の謎なんだ！」――そんな声が聞こえてきそうです。でも安心してください！　この超伝導のふしぎに魅入られ、探究を進めた結果、「質量の起源」の謎を解明する重要な一歩を物理学史に残したのが、南部陽一郎博士（１９２１～）なの

図6−5

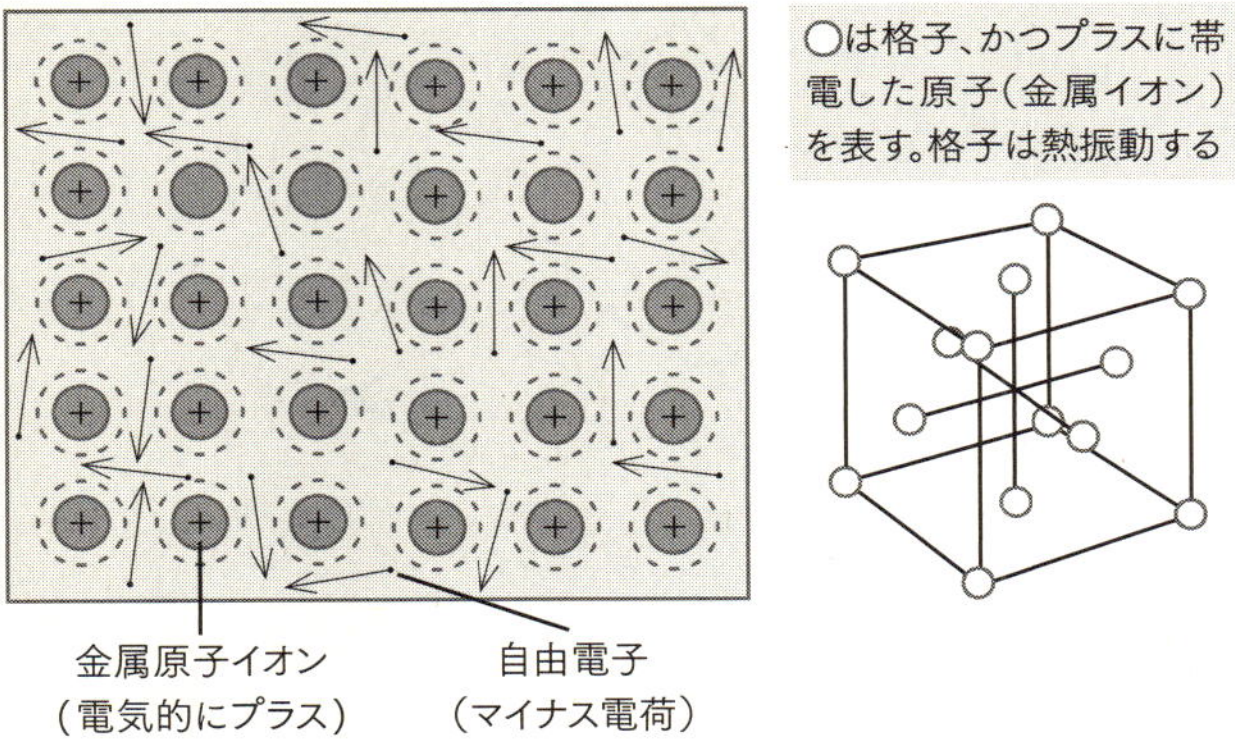
○は格子、かつプラスに帯電した原子（金属イオン）を表す。格子は熱振動する
金属原子イオン（電気的にプラス）
自由電子（マイナス電荷）

金属の結晶構造（この図は超伝導体を表しているのではない）。金属イオンとは、1個の電子がもぎ取られた金属原子（そう、原子！）のこと。自由電子が原子同士を電気引力によって強固に結びつけている（金属結合）。だから金属は硬い

です。南部博士の登場まで、もうしばらく超伝導のしくみを解説します。

普通の室温における金属は、プラスに帯電した多数の原子が格子を作って結晶体をなしています。個々の原子は、図6−5右に示すように格子上に存在しており、多数の自由電子はこの格子の合間を〝うろついて〟います。格子を形成している個々の原子は、「格子振動」と呼ばれる振動をしています。格子振動が量子化されると粒子のようにふるまい、そのような粒子は「フォノン」と呼ばれます。

金属の温度がマイナス260度程度になると、二つの自由電子はフォノンを媒介にしてペア（対）を組むようになりま

図6－6

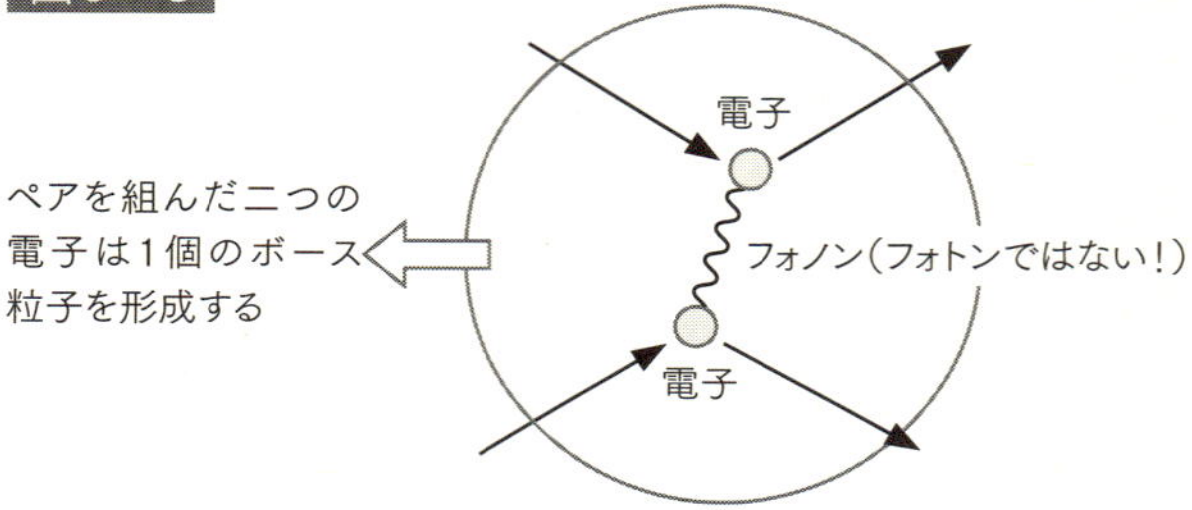
電子
ペアを組んだ二つの
電子は1個のボース
粒子を形成する
フォノン（フォトンではない！）
電子

二つの電子は格子振動（フォノン）を媒介にしてお互いに引き合い、「クーパー対」（クーパー・ペア）を形成する。二つの電子のスピンの向き（右ネジ法則）はお互いに逆向き。ペアはスピンゼロの1個のボース粒子としてふるまう

す（図6－6）。二つの電子はいずれもマイナス電荷をもつために、本来は電気反発力が働いてしりぞけ合うはずです。ところが、実にふしぎなことに、格子振動（フォノン）を通して二つの電子の間に〝引力〟が働くようになるのです。

　この奇妙な〝引力〟が発生する理由は、量子力学でなければ説明できません。192ページで紹介した「ボース－アインシュタイン凝縮」を思い出してください。「パウリの排他律」という規則に従って、同時にまったく同じ物理状態をもつことが許されないフェルミ粒子（スピンが「奇数割る2」になっている）に対し、パウリの排他律が適用除外となっているボース粒子（スピンは整数）には同時にまったく同じ物理状態になる（凝縮する）ことが可能であるというものでした。たくさんの同種のボース粒子がすべて同じエネルギーをもつようになると、個々の粒子の区別はまった

くつかなくなります。

電子はスピン$\frac{1}{2}$で、徹底的にフェルミ粒子ですから、たくさんの電子が凝縮することはとうてい考えられません。しかし、格子振動（フォノン）との作用によって発生した〝引力〟によって生じたペアでは、個々の電子のスピン（$\frac{1}{2}$）の方向が互いに逆向きになっているために、ペアとしての合計スピンは「ゼロ」になっています（$\frac{1}{2}-\frac{1}{2}=0$）。この「合計ゼロ」がポイントです。

ゼロは整数であり、したがってボース粒子としてのスピンの条件を満たす結果、「スピンの合計ゼロの二つの電子（フェルミ粒子）のペア」が「スピンゼロの1個のボース粒子」と同じようにふるまうのです！　何ともふしぎな現象ではありますが、極低温においてはこのような電子のペアが無数に形成され、すべてのペアがボース粒子と同様のふるまいをします。

多数の同じ種類のボース粒子は凝縮して「同時に同一の物理状態」になることができますが、スピンゼロとなった電子のペアもボース粒子として凝縮します。凝縮後の個々のペアにはもはや好き勝手な行動は許されず、〝全員〟がまったく同じ行動をとるようになります。量子力学的には、凝縮して一つの量子状態となった無数の電子のペアは、空間的な広がりをもつ一つの量子（波）としてふるまいます。これは、すべての電子対に対応する波の波長がまったく同じであるためです。

そのような無数のペアが存在する電線の両端に電圧をかけると、（無数のペアから成り立っている）一つの量子は何の抵抗もなく電線内を流れます。まるで整列した兵士のパレードのようなこの電流が「超伝導電流」です。このような電子のペアは「超伝導理論」（構築者３人の頭文字から「ＢＣＳ理論」と呼ばれる）を築き上げた一人であるレオン・クーパー（１９３０～）によって提唱されたため、「クーパー対（クーパー・ペア）」と呼ばれています。超伝導現象とは、まさにこのクーパー対によるものなのです。

普通の室温では、金属内の自由電子はランダムに動き回っており、結晶格子にぶつかったりしてジグザグな運動をしています。電子の運動に関するかぎり、（先の磁気双極子と同じように）これらの電子をどの方角から見ても（回転してみても）まったく同じに見えます。すなわち、対称性が保たれています。

ところが、金属の温度がある温度（臨界温度）以下になると、相転移によって無数のクーパー対が発生し、突然、電気抵抗がゼロになってしまいます。すべてのクーパー対がまったく同じ一つの量子状態になっているということは、対称性が破れています。つまり、臨界温度を境に金属は突然、電気抵抗ゼロとなって、自発的に対称性が破れてしまうのです。

南部博士の着想

お待たせしました。「相転移」と「自発的対称性の破れ」のイメージが摑めたところで、いよいよ「真空のからくり」と「質量の起源」の謎に迫ります。先にも少し触れたように、超伝導現象への関心から、「質量の起源」を解明する大きな一歩を踏み出したのが、南部陽一郎博士です。

１９５２年に渡米した南部博士は、１９５８年にシカゴ大学教授に就任し、その後はシカゴ大学物理学科長も務めました。渡米後の南部博士は、１９５７年に発表された超伝導理論、「ＢＣＳ理論」に興味を惹かれます。

「対称性の陰に保存量あり」とする「ネーターの定理」（164ページ参照）は、「対称性が破れると、それに伴う保存量が保存されなくなる」ということでもあります。超伝導現象では、臨界温度以下になって多数のクーパー対ができると、「自発的対称性の破れ」が生じます。このとき、「保存されなくなる保存量」は何でしょうか？

「電子の数」です。クーパー対が生じることで、電子の数が保存されなくなるのです。電子の数が変われば、電荷も変わります。本書でも何度か指摘してきたように、「電荷保存の法則」は他の保存則を上回る、非常に厳しい〝自然の掟〟です。電荷には必ず発生源があり、無から発生することはなく、消滅することもない――。このことを熟知していた南部博士は、超伝導体で電荷が保存されていないことに「非常に不快感を感じた」と述べています。

南部博士を悩ませた〝不快感〟は、電荷が保存されないのは量子効果によるものであると考えることで解消の糸口を見出しました。南部博士は、超伝導体内でクーパー対が凝縮する際に、「自発的対称性の破れ」が起きていることに気づいたのです。強磁性体の鉄に起こる「自発的対称性の破れ」を説明した図６－２と図６－３を参照してください。鉄の温度が転移温度以下になって、すべての磁気双極子がまったく同じ方向にそろった状態が「自発的対称性の破れ」が起きた状態でした。

　このとき、一つの特定の方向に向きがそろった磁気双極子のうちの、１個の磁気双極子がほんのわずか（たとえば０・０００５度）だけ方向を変えたとします。すると、ある時間を置いてすぐ隣の磁気双極子も同じ方向に向きを変えます。こんどはその隣の磁気双極子も、ある時間を置いて同じ角度だけ方向を変えます。同様の変化が、磁気双極子の集団内で次々と起こります。

　ある時間を置いて（つまり、ゆっくり）、少しずつ方向の変化が伝播していくさまは、波長の長い波の伝播と同じです。このような波を「スピン波」と呼びます（図６－７）。スピン波のもつエネルギーは、量子力学によって粒子のもつエネルギーに置き換えられます。

　粒子のエネルギーはスピン波の波長に反比例するため、きわめて波長の長い波に対応する粒子のエネルギーはきわめて小さくなります。エネルギーが小さいということは、$E=mc^2$に従ってその粒子の質量mもきわめて小さくなることを意味します。波長が無限大に長くなるような極限状態に近づくと、粒子のエネルギーはゼロに近づき、したがって質量もゼロに近づきます。こ

図6－7

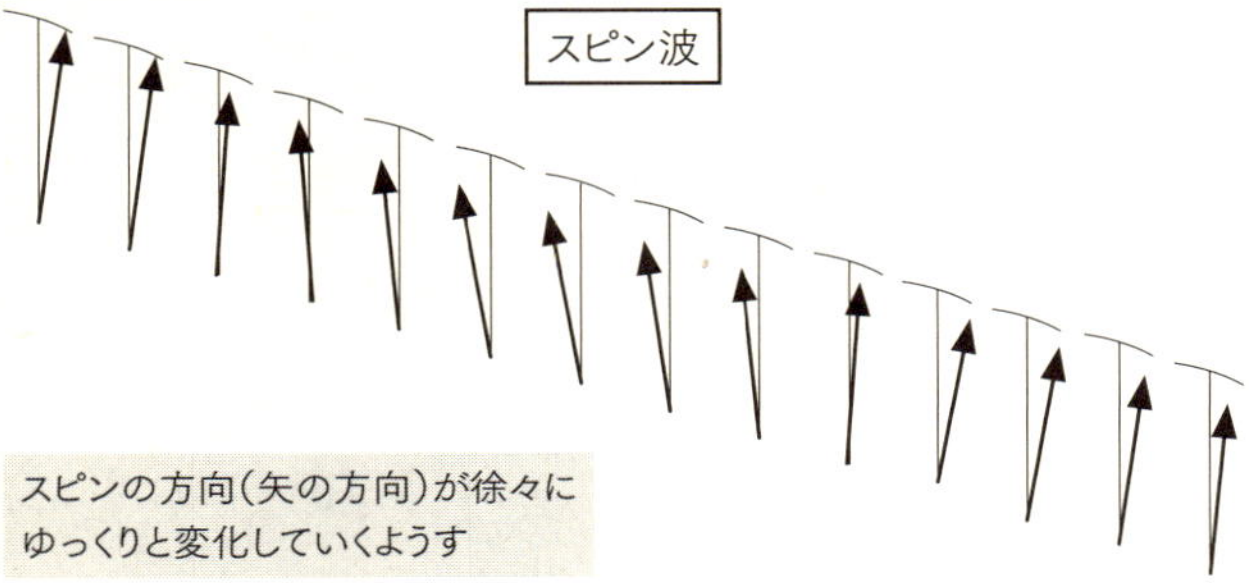

スピンの方向（矢の方向）が徐々に
ゆっくりと変化していくようす

れが図6－7に描かれたスピン波で、質量のみならずスピンもゼロ（したがってボゾン）であることがわかりました。

まとめると、当初は鉄内（強磁性体内）の無数の矢で表された磁気双極子の方向がまったくバラバラで対称であったものが、自発的対称性の破れが生じて同じ方向に向きはじめます。個々の磁気双極子はもともと原子に属している電子のスピンに由来するので、これはスピンの方向が次々と連続的に変化するため「波状」となり、この状態が「スピン波」となるのです。隣同士のスピンの向きがほんのわずかだけ異なるために対称性が完全には破れていませんが、極限では対称性は崩れ去ります。

図6－7のように矢で表された強磁性体（鉄）内の磁気双極子の方向がきわめて少しずつ同じ量だけ変化していくようすを、対称性が自発的に、そして〝グローバルに連続的に〟破れていくと表現します。この波の振動がきわめてのろい（振動数がきわめて小さい）ことからスピン波の波長はきわ

めて長く、極限では無限大となって、この波に対応する粒子の質量はゼロに近づきます（スピンもゼロになりますが、〝この粒子のスピン〟であって、電子のスピンではありません！）。

南部博士がこのことに気づいた頃、イギリスのジェフリー・ゴールドストン（１９３３〜）も同じような理論を発見し、先に論文発表してしまいました。ゴールドストンは南部博士との主張の違いを批判していましたが、現在では、自発的対称性が破れた結果として出てくる質量ゼロでスピンゼロのボース粒子は「南部－ゴールドストン粒子」と呼ばれるようになっています。

アンダーソンの助太刀

こうして誕生した「南部－ゴールドストン粒子」ですが、観測不可能ということから「何かの間違いではないか」と批判され、広く受け入れられずにいました。ところが１９６３年、「南部博士の理論は間違っていない」と主張する支持者が現れます。アメリカの物理学者、フィリップ・アンダーソン（１９２３〜）です。

地球を取り巻く大気の上層部では、紫外線やエックス線、宇宙線などによって原子や分子から電子がはぎ取られ、電気的にプラスに帯電した原子・分子と、マイナス電荷をもつ電子とが等量で混ざったガス（プラズマガス。電荷は正負が相殺されてゼロ）が「電離層」を形成しています。電離層に入り込んだ電波（電磁波）は電離層内の電子と反応して反射されます。長距離通信を可能とする現象ですが、その際、プラズマガスを形成している電子などと直接、電磁相互作用をする電磁波（光子）はエネルギーを奪われ、結果的に減速されます。減速されるということは、光子が質量を得ることと同じ結果を生みます。

一定速度で直線上を走っているトラックの荷台に、突如200キログラムの物体を乗せることを想像してください。アクセルを余分に踏み込まないかぎり、その瞬間から、トラックの速度は低下します。「減速」＝「質量の増加」です！　光（電磁波）が水やガラスなどの透明な物質に入り込むと、光の道筋が曲がる「屈折」現象が起こります。透明物質に入り込んだことで光が減速されるためです。プラズマガスに入り込んだ光子が減速されるのも似通った理由によります。光子が減速されるということは、光子に質量が発生したことと同じになるのです。

アンダーソンのアイデアは、この現象を超伝導体に応用するというものでした。クーパー対が発生することによって超伝導体内ではクーパー対の凝縮が起き、これが自発的対称性の破れを引き起こします。このような超伝導体の内部に電磁波（それは質量をもたない光子の集団です！）が入り込むと、光子はクーパー対の凝縮と反応することを余儀なくされます。

光子はその際、すでにそこにある南部‐ゴールドストン粒子（ボゾン）を吸収して、質量を獲得するという結果が出てきたのです。俗っぽいいい方をすれば、超伝導体内に入り込んだとたんに、光子は南部‐ゴールドストン粒子を〝食べて〟質量が増えるのです。その結果、南部‐ゴールドストン粒子は消えてしまいます。

超伝導体内で質量を獲得した光子は、もはや光速度で走ることはできず、電磁力の到達距離は激減してしまいます。そのため、電磁波は超伝導体の表面からほんのわずかの距離しか内部に入り込めなくなります。この結果、超伝導体には、「マイスナー効果」と呼ばれる非常に面白い現象が生じます。磁場が内部に入り込めないために、超伝導体の上に接触なしで普通の磁石を置くと、その磁石は空間に浮いてしまうのです。

アンダーソンはのちに、磁性体と電子構造の研究で１９７７年のノーベル物理学賞を受賞します。一方、ノーベル賞の対象となった論文とはまったく別に、アンダーソンの「南部－ゴールドストン粒子」に関する論文は当初、さほど興味をもたれませんでした。アインシュタインの特殊相対性理論が使われていなかったからです。素粒子の理論は「場の量子論」に基づいており、場の量子論は１００％、特殊相対性理論に基づいています。そのことが、南部－ゴールドストン粒子と質量の関係に、疑いの目を向けさせていました。

真空にも「自発的対称性の破れ」が起こる

超伝導体に対する深い考察から、南部博士はさらに大胆なアイデアを思いついていました。

――「自発的対称性の破れ」は、超伝導体の内部のみならず、真空にも起きるのではないか？

この大胆なアイデアが、「質量の起源」に迫る突破口をひらいたのです。

「真空もまた、超伝導体と同じようなしくみになっているのではないか」という斬新な仮説を立てた南部博士は、考えをこう進めました。——「真空に起こる凝縮」は、スピンゼロのクーパー対の代わりに、スピンゼロの「粒子‐反粒子」の対（ペア）によって生じるのではないか。

このスピンゼロの粒子と反粒子との間に力が働けば、多数の「粒子‐反粒子」の対は（スピンが整数の）ボース粒子であるために凝縮が発生します。実は、真空には仮想のクォーク‐反クォークの対が出没しているのですが、南部博士が真空の自発的対称性の破れに気づいたころはまだクォークの存在が知られていなかったのです。

南部博士は、真空にこのような凝縮ができると、その凝縮が真空に「自発的対称性の破れ」を生じさせると考えたのです。質量をもたない粒子が凝縮体内を進めば、その凝縮体との相互作用から質量を得るはずだと考えたのです。超伝導体内でクーパー対と相互作用した光子が質量を得るように——。

この場合の自発的対称性の破れとは、いったいどのようなものなのでしょうか？

真空に自発的対称性の破れが起こると、まずフェルミ粒子（クォークとレプトン）が質量を獲得します。現在観測されるすべてのクォークとレプトンは、例外なく質量をもっています。誕生直後の初期宇宙ではフェルミ粒子は質量をもっておらず、光速度で飛び交っていました。特殊相対性理論によれば、質量ゼロの粒子はすべて光速度で走らなければならないからです。

光速度はこの世界の最高速度ですから、光速で走る粒子を追い越してその粒子を観測することは不可能です。したがって、光速で走る（質量ゼロ）のフェルミ粒子は必ず右巻きか左巻きかのどちらかで、右巻き（左巻き）が左巻き（右巻き）に変わってしまうことは断じてありません。209ページで紹介したように、このような状態にある（質量ゼロの）のフェルミ粒子は「カイラル対称性」を保っています。

ところが、質量をもったフェルミ粒子は光速以下の速度になってしまい、観測者がフェルミ粒子より速く走ることが理論的に可能になります。観測者がフェルミ粒子を追い越してからその粒子を観測すると、右巻きフェルミ粒子は左巻きに、左巻きフェルミ粒子は右巻きになってしまいます。フェルミ粒子が質量を獲得することで、カイラル対称性が破れてしまうのです。

「カイラル対称性が破れることによって、フェルミ粒子は質量を得る」――これが、南部博士が到達した結論でした。

「標準模型」に登場する17種の素粒子

話が込み入ってきましたので、頭を整理しておきましょう。

現在の素粒子理論は、すべて「標準模型」という理論の枠組みの中に入っています。標準模型

図6－8

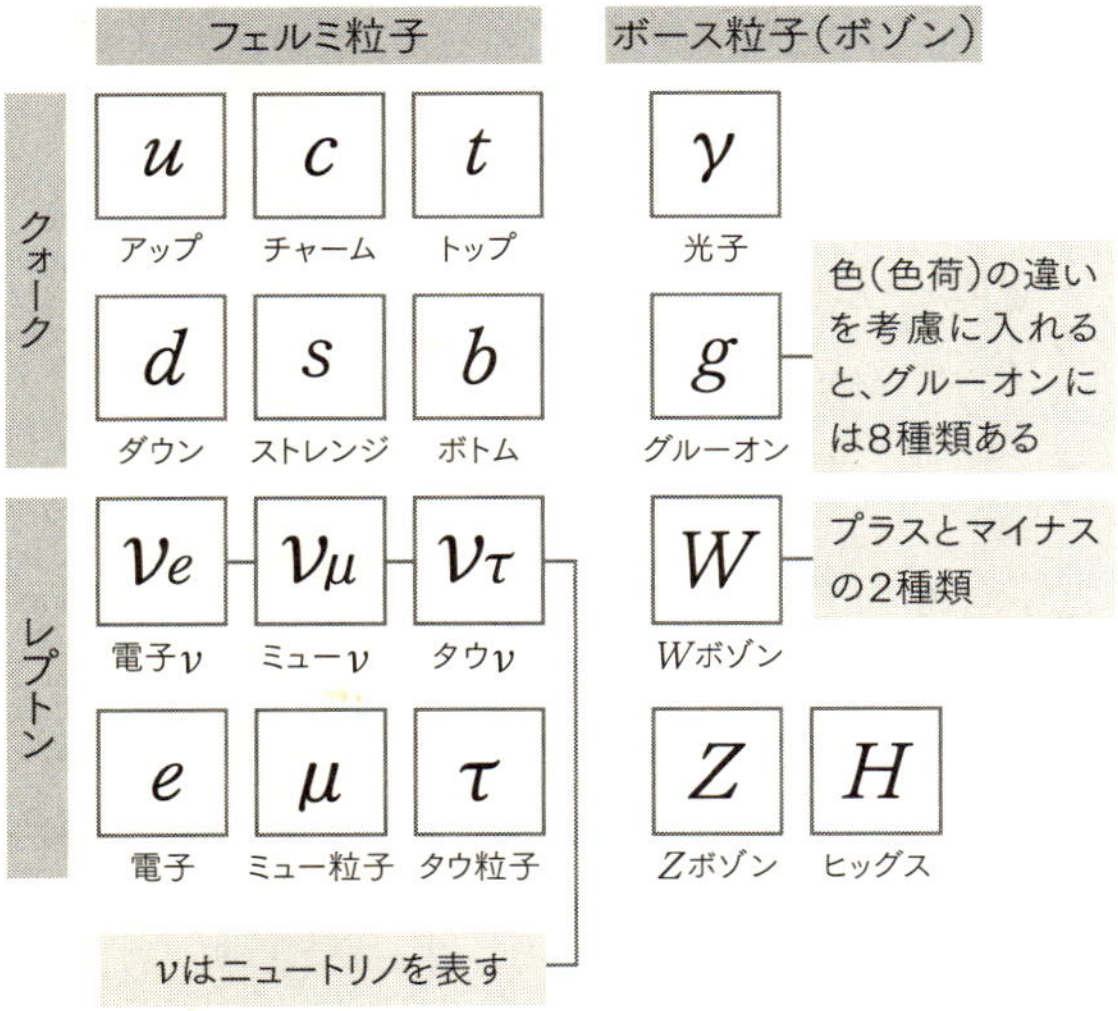

が扱うことのできる素粒子を図６－８にまとめます。標準模型はすべての素粒子はもともと質量をもっていなかったという考えに基づいているために、素粒子に質量をもたらすヒッグス粒子が含まれています。ヒッグス粒子を入れると、合計17種類の素粒子が掲載されています。クォークとレプトンはすべて、スピン$\frac{1}{2}$のフェルミ粒子です。フェルミ粒子の中ではニュートリノだけが電荷をもっておらず、他のすべてのフェルミ粒子は電荷をもっています。

　標準模型の課題は、「重力」が扱えないことです。フェルミ粒子同士の間には、物理的接触がなくても「スピン１のボース粒子」（すなわち、ゲージ粒子）

が力を伝達してくれるおかげで相互作用が起こります。フェルミ粒子同士の間で起こる相互作用には、クォーク同士の間における強い相互作用、電荷をもつフェルミ粒子の間に必ず起こる電磁相互作用、そしてクォークにもレプトンにも起こる弱い相互作用の三つがあります。

これら三つの相互作用はすべて、ゲージ場理論によって説明されます。ゲージ場を導入することによって物理法則が変化せずにすむ「ゲージ対称性」に基づくゲージ場理論では、力を運ぶゲージ粒子（ゲージ・ボゾン）の質量は正確にゼロでなくてはなりません。ところが、実際には「弱い力」を運ぶ三つのゲージ粒子（W^+、W^-、Z^0の各ボゾン）が質量をもっていることが、物理学者たちの頭を悩ませているのでした。

南部博士の卓抜な着想が、質量の問題に取り組む各国の物理学者たちを刺激します。

ピーター・ヒッグスの登場

1964年、スコットランド・エディンバラ大学の理論物理学者、ピーター・ヒッグス（1929〜）が、ある論文を発表しました。アンダーソンの理論に欠けていた特殊相対性理論を取り入れて、素粒子が質量を獲得するメカニズムを説明したものです。ヒッグスはその3年前に、南部博士の論文に目を通していました。

驚くべきは、ヒッグスの他にも5人の物理学者たちが、時を前後してほぼ同様の考えに基づいた論文を発表したことです。ヒッグスたちの考えはいずれも、南部博士の「真空に起きた自発的対称性の破れ」というアイデアに基づいています。彼らはみな、真空に自発的対称性の破れが起こるためには、真空にある種の「場」が発生しなければならないと考えました。ピーター・ヒッグスの名にちなんで、「ヒッグス場」と呼ばれる「場」です。

それは、強磁性体（鉄）に起こる相転移に類似しています（224ページ参照）。宇宙初期の、温度が高い状態にあった真空には発生していなかったヒッグス場が、宇宙が冷えてある温度に達したときに「凝縮」によって現れ、真空の対称性を自発的に破った結果、その場と作用した素粒子が質量を得る、という理論でした。

真空の対称性が破れると——

ピーター・ヒッグスらの理論によれば、初期宇宙には、質量をもたず光速度で飛び回っている粒子に加え、大量の「ヒッグス粒子」と呼ばれる粒子（あるいはヒッグス場）が存在し、宇宙空間全体を満たしていたと考えられます。宇宙初期の温度が非常に高かったために、ヒッグス場は水蒸気と同じような〝気体状態〟にあり、宇宙空間はまだ完全な対称性を保っていました。

宇宙の膨張によって温度が下がり、ヒッグス場が〝凍りついて〟凝縮してしまうと、水が結晶化して対称性を失うのと同様の状態が生じます。真空のいたるところに、「ヒッグス場」が現れるのです。ヒッグス場が凝縮を起こすと、宇宙の対称性は破れてしまいます。「真空の相転移」と呼ばれる現象です。

このヒッグス場には、他の場とは異なる大きな特徴があります。

たとえば電磁場は、空間の各点で「方向」をもっています。電荷をもつ粒子（たとえば電子）や磁石（磁気双極子）を電磁場のある空間にそっと置くと、電子や磁気双極子はその点における電磁場の方向に加速されたり回転したりします（紙の上で砂鉄が描く模様を思い出してください）。電子や磁気双極子の反応の仕方は、電磁場の「方向」に左右されます。すなわち、電磁場は「方向性をもつ場」ということになり、そのような場は「ベクトル場」と呼ばれています。

これに対して、ヒッグス場は方向性をまったくもたない「スカラー場」です。ヒッグス場の中にヒッグス粒子以外の粒子があっても、その粒子とヒッグス場との反応は方向にはまったく関係なく、まったく同じ反応の仕方をします。ヒッグス場の第一の特徴は、空間において方向性をもたない場であることです。

第二の特徴は、ヒッグス場が「発生源のない場」であることです。第1章で、真空には「発生源のないエネルギー」が存在することを説明しましたが、ヒッグス場もまた「発生源」をもたないのです。一般に、「場」にはその発生源が存在します。電磁場の発生源は「電荷」です。重力場の発生源は「質量」。強い力の場の発生源は「色荷」で、弱い力の場の発生源は「弱荷」です。

……とくれば、〝ヒッグス荷〟なるものが存在してもよさそうですが、残念ながら？ヒッグス場には発生源がありません（ただし、ヒッグス場と反応する質量のない素粒子は「ヒッグス荷」をもっていると考えられています。「ヒッグス荷」は素粒子の種類によって異なり、だからこそ素粒子の種類によって異なる質量が現れるのです）。ならば、ヒッグス場はどこから生まれてくるのか？

誕生直後の宇宙は、アッという間もなく光速度以上の速さで巨大な大きさまで膨れ上がってしまいました。りんご1個が1秒間に地球の大きさまで膨れ上がった……などという程度の膨張ではなく、もっと桁外れに大きな規模の大膨張をしたのです。「宇宙のインフレーション」と呼ばれる現象です。

そして、この宇宙のインフレーションの原因となったのが、ヒッグス場だと考えられているのです。つまり、ヒッグス場は宇宙初期にすでに存在していたということなのです。ただし、当時の宇宙の温度があまりにも高かったために、ヒッグス場はまだ凝縮していませんでした。膨張した宇宙が冷えたことで、初めてヒッグス場は凝縮したのです。

「真空の期待値」とは何か

ヒッグス場と他の場とではさらに大きな違いがあるのですが、その違いを説明する前に「真空

図6－9

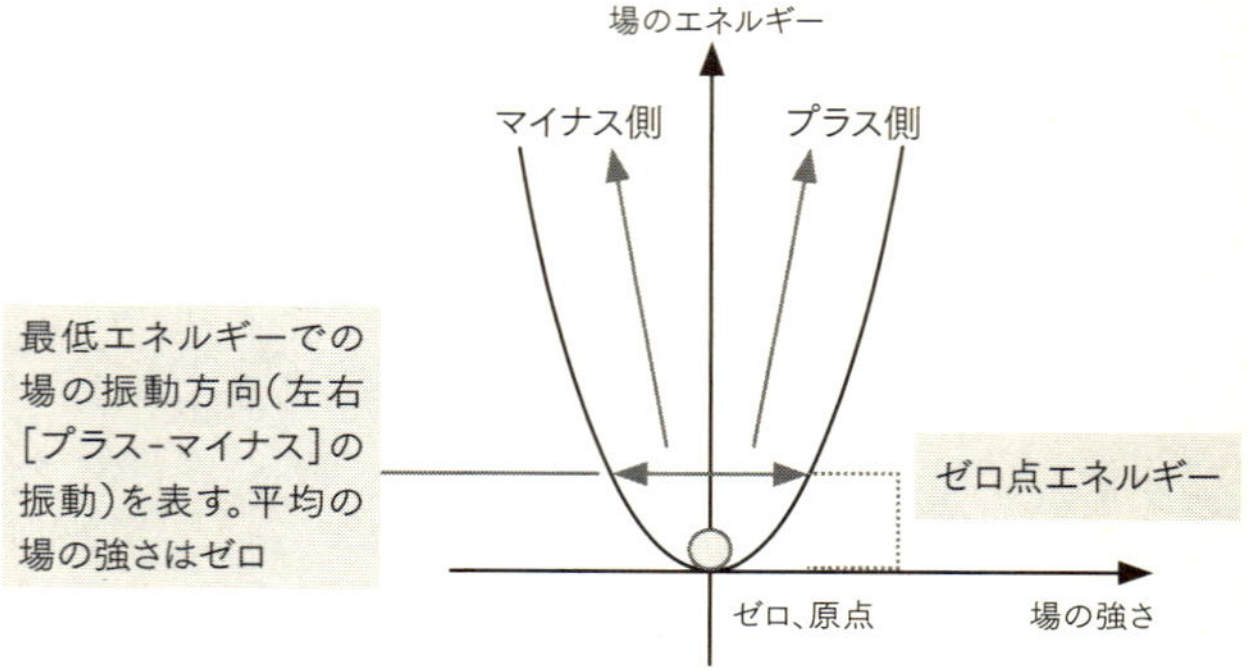

の期待値」と呼ばれるものを紹介しなければなりません。ここで「真空のゼロ点振動」を思い出してみましょう（第3章参照）。

真空にはさまざまな「場」がありますが、この宇宙に存在するあらゆるエネルギーの中で、最も低いエネルギー状態にあるのが真空です。「場の量子論」によれば、すべての素粒子は何らかの「場」の励起状態（場の変動による隆起のようなものとお考えください）であると考えられています。たとえば光子は電磁場の励起状態であり、電子は電子場の励起状態です。「粒子の量子論」ではなく、「場の量子論」と呼ばれるのはこのためです。

それぞれの「場」はエネルギー（ポテンシャル・エネルギー）をもっています。場のエネルギーは量子化されて、非連続的に飛び飛びに変化しますが、その最低エネルギーはゼロではありません。絶対ゼロ度においても、真空にはそれぞれの「場」ごとの最低エネルギー、すなわち「ゼロ点エネルギー」が残っています。

図6－9を見てください。真空のゼロ点振動によって場は振動しており、その「場の強さ」が横軸にとられています。一方、縦軸は「場の（ポテンシャル・）エネルギー」を表しますが、真空の最低エネルギーはゼロにはならず、ゼロ点エネルギーが残っています。つまり場は、ゼロ点エネルギーの分だけ原点から縦軸を上に離れて、横軸に平行にプラス側とマイナス側を行き来しながら振動しています。

　この振動による場の強さの変化の時間的平均をとると、ゼロになってしまいます。量子力学では、平均値のことを「期待値」といいます。したがって、真空内に取り残されている場の強さの平均値＝「真空の期待値」はゼロということになります。

　同じことが、そのままヒッグス場にも当てはまります。宇宙初期の、温度がまだ非常に高かった時期のヒッグス場のポテンシャル・エネルギーは図6－9のようになり、ヒッグス場の「真空の期待値」はゼロになっています。すなわち、宇宙空間におけるヒッグス場はゼロということです。

　ところが、宇宙の温度が下がってヒッグス場が凝縮すると、ヒッグス場とそのポテンシャル・エネルギーを示すグラフは図6－10に示すように3次元になります。これは理論的に表れた数式をグラフ化したもので、あたかも「ワインボトルの底」や「メキシコ帽（ソンブレロ）」のよう

図6−10

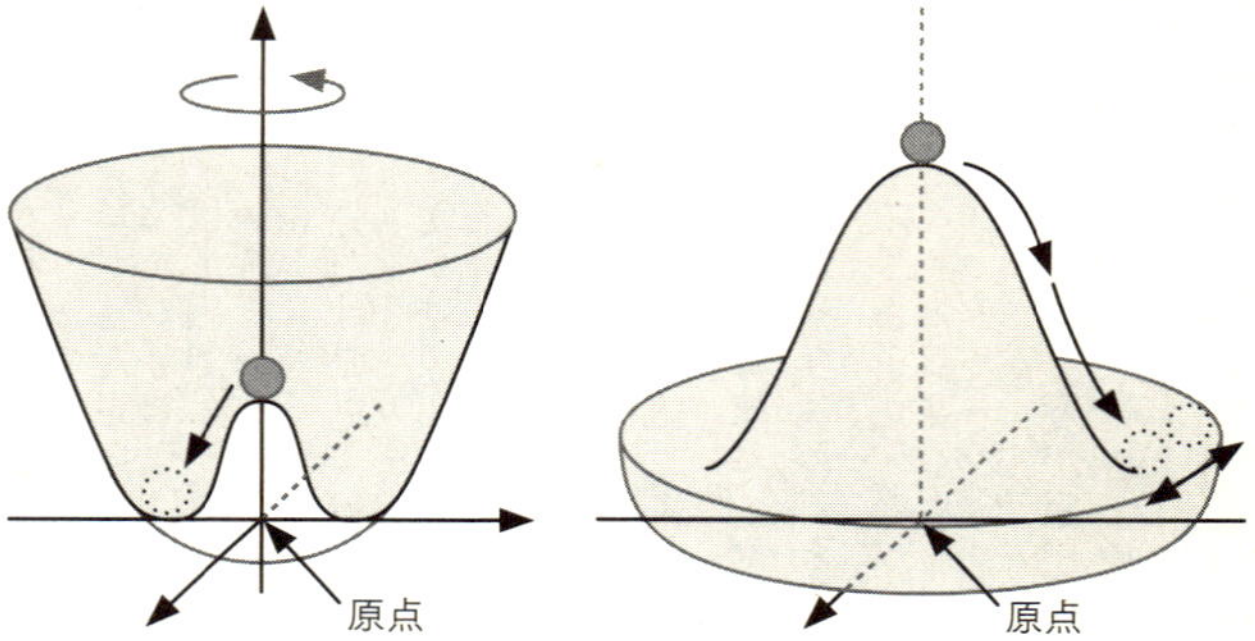

ワインボトルの底　　　メキシコ帽（ソンブレロ）

に見えます。どちらのグラフも、縦軸が「ヒッグス場のポテンシャル・エネルギー」を表し、直交する2本の横軸はともに「ヒッグス場の強さ」を表します。

図中には、ちょうどグラフの隆起のてっぺんの部分にボールが置かれています。ボールの位置は「宇宙の物理状態」、あるいは「真空の物理状態」を表します。メキシコ帽でいえば、表面のどの点にボールがあるかによって（すなわち、ボールの座標によって）、真空における「ヒッグス場の強さ」と「ヒッグス場のポテンシャル・エネルギー」が変わってきます。

隆起のてっぺんにあるとき、ボールは原点の真上にあり、「ヒッグス場の強さ」（横軸座標）はゼロです。このボールの位置から周囲を見ると、すべてはまったく同じに見えます。ワインボトルやメキシコ帽を、隆起のてっぺんを通る縦軸を中心にどんな角度で回転させても、回転の前後で何の変化も生じません。つまり、ボールが隆起のてっぺんにあるとき、縦軸の回転に対してヒッグス場は完全対称になっています。

　横軸座標はヒッグス場の強さを表すので、ボールが隆起のてっぺん（原点の真上）にあって完全な回転対称状態にある場合のヒッグス場は「ゼロ」になっています。すなわち、ヒッグス場はまだ凝縮していない状態です。しかしこのとき、縦軸座標（高さ）は、エネルギーが非常に高い状態にあることを示しています。対称性が保たれているこの位置は、「ボールがいつ（エネルギーが低い状態に）落っこちるかわからない」きわめて不安定な状態なのです。

　繰り返し指摘してきたように、自然が好むのは「エネルギーが最も低い」状態です。二つのグラフでエネルギーが最も低いのは、ワインボトルの縦軸まわりをぐるりと囲む溝（谷）と、メキシコ帽のつばにあたる円形状の溝の底です。したがって、きわめて不安定な（エネルギーの高い）隆起のてっぺんに置かれているとき、ほんのちょっとした刺激で、ボールは立ちどころに転げ落ちて円形状の溝のどこかに落ち込み、エネルギーの最も低い安定な状態に落ち着きます。

　ところがこのとき、溝に落ち込んだボールから見ると、周囲の〝景色〟は見る方角によってまるで変わってきます。回転対称性が完全に失われるからです。エネルギー的に最も安定な状態を手に入れる代わりに、対称性が破られるのです。ボールが溝に落ち込む外的要因は存在せず、ただただ不安定であるがゆえに自ら落ち込みます。ボールが自ら溝に落ち込むと、ただちに対称性は失われ、「自発的対称性の破れ」が生じるわけです。

真空に生じるこの自発的対称性の破れに最初に気づいたのが、南部博士でした。「自発的対称性の破れ」が生じる結果、エネルギーが最低となってきわめて安定な状態になる代わりに、ヒッグス場の強さがゼロではなくなるのです（ボールは横軸の原点、すなわちゼロから離れる。図6－10の点線で描かれたボールを参照）。これが「ヒッグス場が凝縮した状態」であり、凝縮した結果、ヒッグス場の真空の期待値はゼロではなくなります。ゼロではないということは、この宇宙空間のいたるところに、ヒッグス場が〝普遍的〟に存在していることになります。

この「普遍的である」という事実が、ヒッグス場とその他の場の間に一線を画しています。たとえば電磁場は、人為的にオン／オフすることができますが、すでに普遍的に全空間にわたって存在しているヒッグス場のスイッチを入れたり切ったりすることなど不可能です。

ヒッグス場が真空で凝縮できるのは、方向をもたないスカラー場であるためです。量子化されたスカラー場はスピンゼロのボース粒子となり、「ボース－アインシュタイン凝縮」が起こるのです。

イメージしやすいように、メキシコ帽やワインボトルのグラフを縦の中心軸から真っ二つに切って二次元平面にしてみましょう（図6－11）。こうすると、226ページ図6－4の(b)に示したランダウの相転移のグラフとまったく同じ形であることに気づきます。ランダウのグラフにおける

図６－11

「自発的対称性の破れ」が起きた後のボールの位置

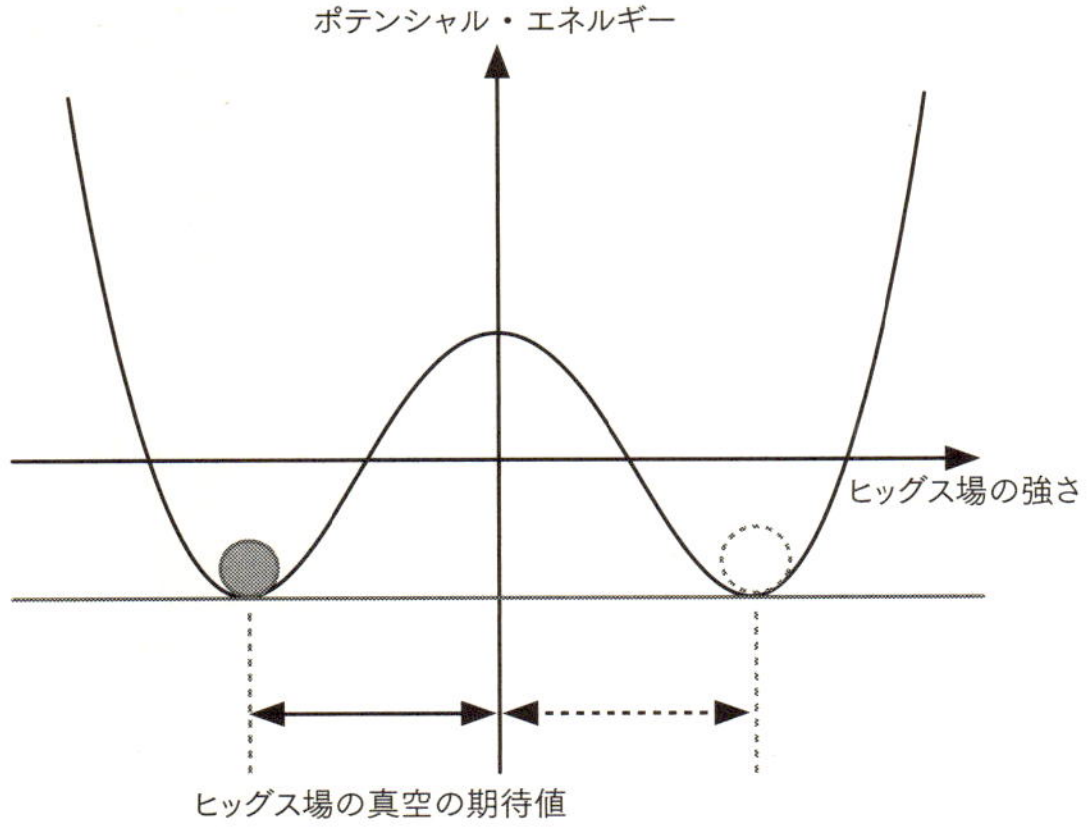

ヒッグス場が凝縮したために、ヒッグス場の真空期待値はゼロでなくなる。
このグラフはランダウのグラフとまったく同じ

磁場が、図６－11のヒッグス場に相当します。

宇宙がある温度まで冷えると、真空に「自発的対称性の破れ」が生じ、「真空の期待値がゼロではない」ヒッグス場が現れます。ゼロではない真空の期待値はヒッグス場の〝専売特許〟で、電磁場など他の場の真空の期待値はすべてゼロです。ゼロではない真空の期待値をもつ「ヒッグス場」は、電磁場と同じように実在する「場」です。

真空の対称性が破れることは真空に「相転移」が起こったことを意味しますが、現在までの理論では、真空の相転移によって発生した「場」

はヒッグス場のみとされています。電磁場など他のすべての場は、真空の自発的対称性の破れとは直接は関係ありません。

なぜ「弱い力」を伝えるゲージ粒子だけが質量をもつのか？

思い出してください！　自然界に存在する四つの力（強い力、電磁力、弱い力、重力）を伝達するゲージ粒子のうち、弱い力を運ぶゲージ粒子（W^+、W^-、Z^0の各ボゾン）だけが質量をもつのはなぜか、という疑問が解決されずに残っていました。

ここでも、「メキシコ帽」が重要な役割をはたします。メキシコ帽の表面にあるボールは、「宇宙（真空）の物理状態」を表すものでした。最もエネルギーの低い溝にボールが落ち込むと、宇宙は安定な状態になり、その〝代償〟として対称性が失われます（自発的対称性の破れ）。

図6-12に示すように、この溝を真上から見ると「円形」になっていますので、溝に落ちたボールはこの円の上を周回することが考えられます。この円形の溝は自発的対称性の破れによって生じたものであり、ボールがぐるぐる回るようすは、ボールを固定して円形の溝全体を回転させるのと同じことなので、「グローバルな自発的対称性の破れ」と見なすことができます。

図6-11から明らかなように溝はどこも同じエネルギーなので、溝に沿う振動はきわめて小さく、極限では振動数ゼロになります。量子力学的には、エネルギーは$E=h\nu$（νは振動数）で表

されるので（41ページ参照）、振動数ゼロはすなわちエネルギーゼロであり、これに対応する粒子（ボールではありません！　要注意）のエネルギーはゼロとなります。その粒子はさらに、$E=mc^2$に従って質量ゼロの粒子となります。また、この粒子はスピンもゼロで、したがってボース粒子となります。

　これが、「南部－ゴールドストン粒子」です。南部－ゴールドストン粒子には、プラスの電荷をもつもの、マイナスの電荷をもつもの、そして電荷をもたないもの、の3種類があります。3種の南部－ゴールドストン粒子はいずれも、決して観測されることはありません。

図6－12

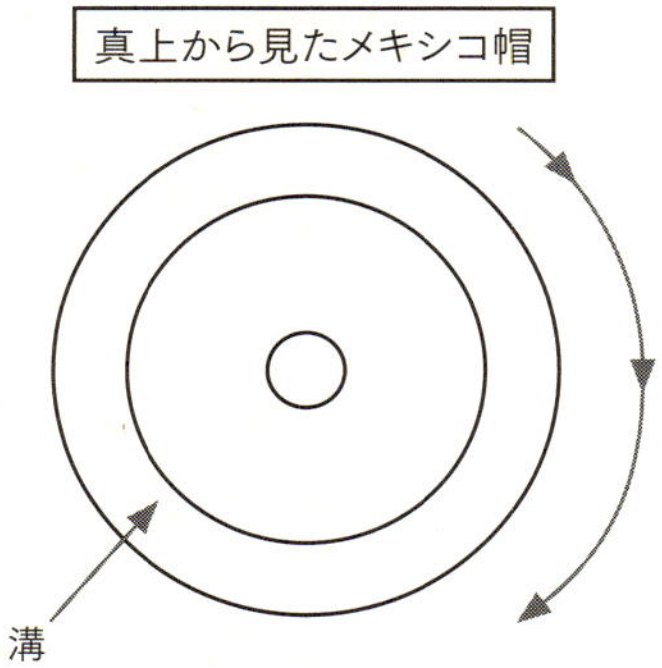

　宇宙初期の「真空」に自発的対称性の破れが生じ、ゼロではない真空の期待値をもつ「ヒッグス場」が現れると、ボールがメキシコ帽の円形の溝をゆっくり回り始め、真空には、それに対応した質量ゼロの「南部－ゴールドストン粒子」が発生したと考えられます。

　弱い相互作用を担う三つのゲージ粒子は、真空に自発的対称性の破れが生じる以前の状態（ゲージ対称性が保たれている間）では質量をもっていません。ところが、自発的対称性の破れが起こって三つの南部－ゴールドストン粒子が現れると、W^+、W^-、Z^0の各ボゾンはそれぞれ一つずつ南部－ゴールドストン粒子を〝食べる〟ことによって質量を獲得するのです（光子は、電磁波がもともと100％横波の成分のみであるために質量ゼロなのですが、南部－ゴールドストン粒子を吸収することによって縦波の成分が加わり、その結果、質量を得るのです。ここでは、その吸収のことを「食べる」と表現しています）。

もちろんW^+ボゾンはプラスの電荷をもつ南部－ゴールドストン粒子を食べ、W^-ボゾンはマイナス電荷の南部－ゴールドストン粒子を食べます。そして、Z^0ボゾンが電荷をもたない南部－ゴールドストン粒子を食べるのです。当然ながら、食べれば太ります！

結局、真空に起きた「自発的対称性の破れ」によって発生したヒッグス場の働きによって、弱い力を運ぶ三つのゲージ粒子は質量を獲得したことになります。これを「ヒッグス機構」といいます。ヒッグス機構の働きによって、「弱い力」を運ぶゲージ粒子だけが質量をもつこととなったのです。

「弱い力」と「電磁力」の統一

197ページで「電磁相互作用」と「弱い相互作用」の類似性を指摘しましたが、現在の宇宙においては、電磁相互作用と弱い相互作用には明確な違いがあります。

まず、電磁相互作用において電磁力を運ぶゲージ粒子は「光子」であり、光子は質量も電荷もともにゼロです。光子は、ゲージ場理論による要請を完全に満たしています。電磁相互作用を説明するゲージ場理論において保存されるのは「電荷」です。

一方、弱い相互作用に対応するゲージ場理論においては、保存されるのは「弱アイソスピンのZ成分」あるいは「弱荷」です。弱い相互作用において「弱い力」を運ぶ3種のゲージ粒子（W^+ボゾン、W^-ボゾン、Z^0ボゾン）は陽子や中性子の80～90倍もの質量をもっています。光子とは対照的に、「ゲージ粒子の質量はゼロである」というゲージ場理論の要請を満たしていません。

しかし、198ページ図5－8と続く図5－9で見たように、もしZ^0ボゾンの質量がゼロであるなら、弱い相互作用は「ヤン－ミルズ理論」の範疇に入り、宇宙がある特定の温度以上だったときには「電磁力」と「弱い力」の強さは同じになることが予想されます。

電磁相互作用も弱い相互作用も同じ「ゲージ対称性」の枠組みに入れるにはどうすればいいのか？　弱い力を伝える三つのゲージ粒子の質量をめぐる謎は、いまだ解けずに残されていました。

ここに、スティーブン・ワインバーグ（1933～）とアブドゥス・サラム（1926～96）が登場します。現実に観測される弱い力を運ぶ三つのゲージ粒子が質量をもっているということは、ゲージ対称性がすでに破れてしまっていることを意味します。この対称性の破れを説明するために、ワインバーグとサラムはヒッグス場の概念を導入した新しいゲージ場理論を考えたのです。彼らの理論はもちろん、「ヤン－ミルズ理論」に基づいています。

きわめて重要なことなのであえて繰り返しますが、ゲージ場理論における力を運ぶゲージ粒子の質量は絶対にゼロでなければなりません。電磁力と弱い力を統一したゲージ場理論においては、両者が統合された「電弱力」しか存在せず、電弱力を運ぶゲージ粒子の質量も正確にゼロでなければなりません。

ワインバーグとサラムが提唱した新しいゲージ場理論、すなわち「電弱統一理論」では、質量ゼロの四つのゲージ粒子（W^+、W^-、W^0、B^0の各ボゾン）が現れ、それぞれまったく同じ強さの力を伝達します。このうちB^0ボゾンは、電磁力と弱い力が統一されているときの電磁相互作用のゲージ粒子である光子に相当する電気的に中性のボース粒子です。またW^0ボゾンは、電磁力と弱い力が統一されているときの弱い相互作用に出てくる同じく電気的に中性のゲージ粒子Z^0ボゾンに相当するボース粒子です。

たとえば二つの電子同士が、（電磁力ではなく！）統一された「電弱力」を通して相互作用する場合、そこで交換されるゲージ粒子は光子ではなく、B^0ボゾンまたはW^0ボゾンになります。電弱統一理論においては、B^0ボゾンもW^0ボゾンもどちらも電気的に中性で、しかも質量ゼロであるために区別はつきません。

図6－13

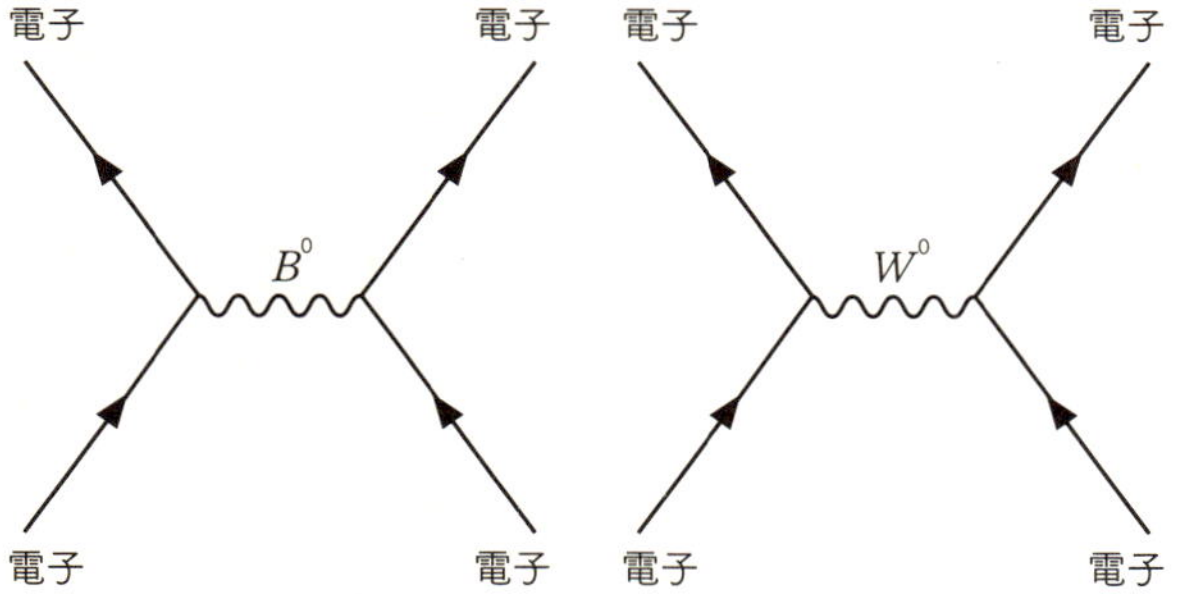

電子間の「電弱力」は、B^0ボゾンかW^0ボゾンかのどちらかのゲージ粒子によって伝達される。B^0ボゾンとW^0ボゾンとの区別はつかず、どちらが起こったのかはわからない。この図は「電磁相互作用」ではなく「電弱相互作用」
Bruce A. Schumm,『DEEP DOWN THINGS』より

したがって、図6－13のように二つの電子間で交換されるゲージ粒子であるB^0ボゾンとW^0ボゾンの間に区別はありません（電荷をもつ$W^{\pm}$ボゾンが介入する電弱相互作用は、質量ゼロという条件を除けば弱い相互作用と同じです）。

電荷をもたないB^0ボゾンとW^0ボゾンの区別がつかないということは、この二つのボース粒子は量子力学特有の「重ね合わせの原理」に従って重ね合わせることができます。いいかえれば、両者は量子力学的に適当に混ぜ合わせることができ、混ぜ合わせ方によって光子になったり、弱い力を運ぶZ^0ボゾンになったりするのです。

光子
↓B^0ボゾンとW^0ボゾンの一つの混ぜ合わせ
Z^0ボゾン

↓B^0ボゾンとW^0ボゾンの光子とは異なる混ぜ合わせ

量子力学では、粒子はすべて「量子状態」として数学的に表されます。したがって、二つの粒子が混じるということは、二つの量子状態が混じるということになります。二つの量子状態が重なると、そこに新たな粒子に対応する量子状態が出現するのです。結局、B^0ボゾンとW^0ボゾンが混じることでまったく新しい粒子が現れることになり、その混じり方によって新しく生じる粒子は光子であったりZ^0ボゾンであったりするということです。

ただし、電磁力と弱い力が統一されているこの時点ではまだ、三つのゲージ粒子（W^+ボゾン、W^-ボゾン、Z^0ボゾン）の質量はゼロのままです。宇宙の温度が下がって真空に相転移が起こり、ゼロではない真空の期待値をもつヒッグス場が空間全体を埋めつくすようになって初めて、三つのゲージ粒子は南部－ゴールドストン粒子を〝食べて〟質量を獲得するのです。

真空に相転移が起こったあとも、光子だけは質量を得ないままでいます。こうして、電弱相互作用は「電磁相互作用」と「弱い相互作用」に分かれてしまうのです。

以上が「ワインバーグ－サラムの電弱統一理論」の概要です。「ヒッグス場による自発的対称性の破れ」を弱い相互作用の理論に初めて取り入れたのが、彼らの論文でした。ワインバーグは理論的見地から、$W^{\pm}$ボゾンの質量は陽子の質量の80倍ほどであり、Z^0ボゾンの質量は陽子の質量の約90倍であると予言しています。

今から振り返ればきわめて精度の高い予測をしていたワインバーグ - サラム理論はしかし、当初はさして注目を浴びませんでした。それには主に、次のような理由が挙げられます。

①電気的に中性なZ^0ボゾンを介して起こる弱い相互作用、すなわち「中性カレント」が実験的になかなか確認されなかった（電荷がないことで検出がきわめて難しかった）

②電荷をもつ弱い力を運ぶゲージ粒子（W^+ボゾンとW^-ボゾン）の質量が実験的に確認されていなかった

③ワインバーグ - サラム理論においても、相互作用の起こる確率が100％以上の無限大になってしまう

電磁相互作用における無限大の問題が、朝永振一郎博士らによる「繰り込み理論」によって解決されたことはすでにお話ししましたが（150ページ参照）、物理学の嫌う「無限大」が電弱相互作用にも顔を出してきたのです。

若き大学院生が起こしたブレイクスルー

「電磁相互作用」ばかりではなく、「弱い相互作用」や「強い相互作用」においても、真空のいたずらによって相互作用の発生確率が無限大となってしまう「無限大問題」が生じます。「一つの物理現象が起こる確率が無限大になる」という、まさに矛盾をはらんだ問題です。電磁相互作

用に現れる無限大問題は「繰り込み理論」によって解決されましたが、弱アイソスピンという数学的な概念が持ち込まれた「弱い相互作用」ではより複雑な理論を使わなければならないため、「繰り込み」もそれだけ難しくなります。

１９７１年、オランダ・ユトレヒト大学の大学院生で当時25歳だったヘーラルト・トホーフト（１９４６〜）が、ワインバーグとサラムに遅れはしたものの、独自に彼らと同様の理論を打ち出し、続けざまに電弱相互作用における「無限大問題」に繰り込み理論が適用可能であることを証明しました。ゲージ粒子に質量があっても「繰り込み可能」であることをもののみごとに示した彼の論文が発表されるや、「ワインバーグ－サラムの電弱統一理論」は急激に物理学界の注目を集めるようになり、論文引用回数もうなぎ上りに増えていきました。

トホーフトが「繰り込み可能」を示す計算を遂行したのは、彼の恩師であるマルティヌス・フェルトマン（１９３１〜）によって与えられた研究課題だったからでした。フェルトマン自身が当時、「ヤン－ミルズ理論」の繰り込み法を精力的に研究していたのです。物理学界でつとに名が知れた存在だったワインバーグが、若きトホーフトの論文を初めて読んだとき、「トホーフト？　いったい誰だ」と当惑したと伝えられています。

１９８３年には、イタリア人のカルロ・ルビア（１９３４〜）とオランダ人のシモン・ファン・デル・メール（１９２５〜２０１１）が自らのアイデアを盛り込んで設計した実験装置を使って、悪戦苦闘の末についに$W^{\pm}$ボゾンとZ^{0}ボゾンの質量を突き止めました。その値は、「ワインバーグ－サラム理論」によって予言されたものとほぼぴったりと一致するものでした（前者が陽子の質量の約80倍、後者は陽子の質量の約90倍。これは実測された質量であり、仮想粒子の質量ではありません！）。

ワインバーグとサラムは、彼らの先駆的な研究を行ったシェルドン・グラショウ（１９３２～）とともに、$W^{\pm}$、Z^{0}の各ボゾンの質量が実験的に確認される前に、「電弱統一理論」の貢献者として１９７９年のノーベル物理学賞を受賞していました。3種のボゾンの質量を実験的に確認したルビアとファン・デル・メールには、１９８４年のノーベル物理学賞が贈られました。さらに、電弱統一理論が繰り込み可能であることを示したトホーフトとフェルトマンも１９９９年のノーベル物理学賞を授与されており、「電弱統一理論」に関して計7人のノーベル賞受賞者が出たことになります。

彼らの探究はすべて、真空の自発的対称性の破れによって発生したヒッグス場を理論に導入したことに端を発しています。その端緒となる「自発的対称性の破れ」というアイデアを世に出した南部博士は、ようやく２００８年になってノーベル物理学賞を受賞しました。南部博士はまた、「強い力」を生み出す「色荷」のオリジナルな提唱者であり、「超ひも理論」のオリジナルの提唱者でもあります。南部博士について、「これほどまでに理論物理学に貢献したのだから、南部はもっと早い時期にノーベル賞を授与されるべきだった。不公平だ」という声もあるほどです。

幾人もの物理学者たちの叡智《えいち》が築き上げた電弱統一理論は、重力以外の基本的な相互作用を説明する「標準模型」の要となりました。元々は質量が正確にゼロであった弱い力を運ぶゲージ粒子（W^+、W^-、Z^0の各ボゾン）に、現在観測されるような大きな質量をもたらせたのがヒッグス場の働きによることを考えれば、7人ものノーベル賞受賞者をもたらした「電弱統一理論」はヒッグス場の〝実在〟を理論的に証明したといえるでしょう。

いわゆる「ヒッグス粒子」

観測不可能で質量とスピンがともにゼロの「南部‐ゴールドストン粒子」が三つ現れ、それらを食べた結果、ゲージ粒子が質量を獲得する「ヒッグス機構」をご紹介したばかりですが、実はこれとは別に、「ヒッグス粒子」が存在するのです。自身が質量をもつヒッグス粒子です。

図6‐14を見てください。ふたたびメキシコ帽の登場です。隆起のてっぺんから溝に落ち込んだボールが、溝の底から這い上がろうとしています。これには当然、エネルギーを要し、ある振動数をもった完全な振動現象となります。溝の底にあるボールは、あたかも茶碗の底に置かれたビー玉のように振動します。このような振動がヒッグス場に発生するのです。振動している間

図6−14

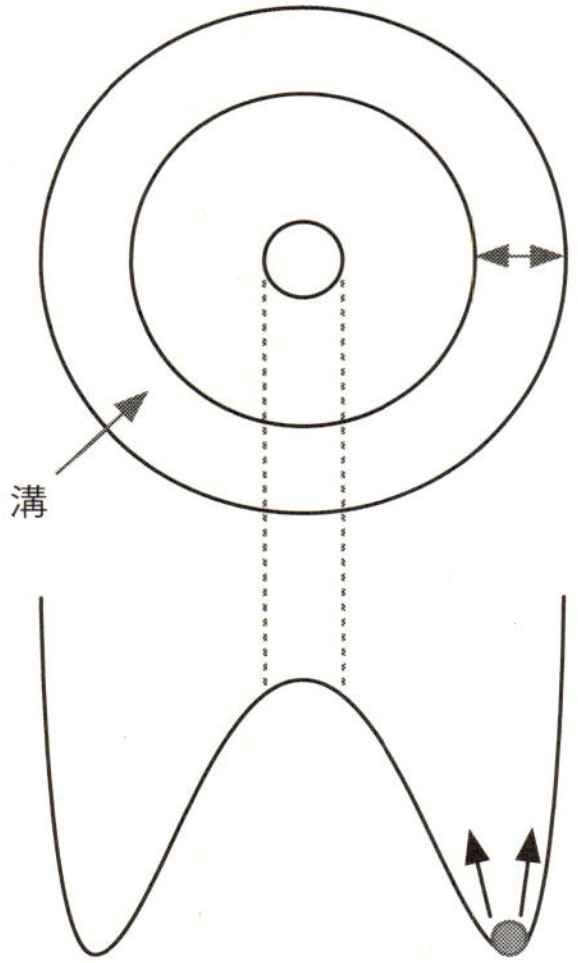
真上から見たメキシコ帽
溝内での半径方向の振動。
溝に幅があるために幅の
方向に起こる振動。
下の図参照
メキシコ帽を縦に
真ん中から切った断面図

は、ボールの高さが変化します。ボールの高さはヒッグス場のポテンシャル・エネルギーを表すので、振動に応じてポテンシャル・エネルギーの増減が繰り返されます。

振動数νに比例するエネルギーは$E = mc^2$によって質量に換算されるので、このヒッグス場の振動も質量に置き換えられます。この、「茶碗の底に置かれたビー玉のような振動」に由来する質量をもつ粒子こそ、〝いわゆる〟「ヒッグス粒子」なのです。2012年7月4日にCERNが検出したと発表したヒッグス粒子も、このヒッグス粒子のことです。

74ページで、ヒッグス粒子を検出する方法を紹介しました。真空の一端に外部（コライダー）から巨大なエネルギーを注ぎ込んでヒッグス場を振動させ、その振動部分が量子力学によって粒子（量子）化されて、検出可能なヒッグス粒子となるわけですが、これが「茶碗の底に置かれたビー玉のような振動」に相当するのです。「ヒッグス粒子の発見」は、「真空を埋め尽くすヒッグス場の存在」を証明したことになります。

　この、質量をもつヒッグス粒子は、253ページで登場した質量ゼロの南部－ゴールドストン粒子とは区別すべきですが、「質量の起源」に関わる三つの南部－ゴールドストン粒子をヒッグス粒子と見なせば、ヒッグス粒子は四つ存在することになります。四つのうち一つだけが、質量をもつヒッグス粒子ということになります。

　ヒッグス場は、真空の相転移（自発的対称性の破れ）によって全宇宙空間のすみずみにまで発生したものであり（グローバルな変換）、この宇宙をあまねく満たしています。ヒッグス場は電磁場のような「力の場」、すなわちゲージ場ではないので、ヒッグス粒子は力を伝達するゲージ粒子ではありません。

　ヒッグス粒子は内部構造をもたない素粒子で、質量をもつ一方、電荷、スピンがともにゼロのボース粒子です（したがって凝縮可能です）。強い相互作用を引き起こす「色荷」はもちませんが、「弱荷」をもっています。特筆すべきは、スピンと電荷がゼロで、質量をもつ重い素粒子はヒッグス粒子だけだということです！

ヒッグス粒子は質量が巨大で寿命があまりにも短いために、すぐに他の軽い粒子に崩壊してしまいます。したがって、LHCによって直接、検出されたわけではなく、崩壊の過程を念入りに観測することで「そこにヒッグス粒子がいた」痕跡が突き止められたのです。私たちの知っている素粒子理論（標準模型）からヒッグス粒子の質量の値を理論的に予測することは不可能で、適当にエネルギー幅を絞りながら探し当てるしかありません。このことが、ヒッグス粒子の検出を長引かせた理由の一つとなっています。

フェルミ粒子の質量は？

弱い力を運ぶ三つのゲージ粒子（W^+、W^-、Z^0の各ボゾン）が質量を獲得するメカニズムは、南部－ゴールドストン粒子が関わるヒッグス機構の働きであることがわかりました。南部－ゴールドストン粒子を食べて質量を得た三つのゲージ粒子は、いずれもスピン1のボース粒子です。それでは、電子やクォークなど、フェルミ粒子の質量獲得のメカニズムはどうなっているのでしょうか？

クォークやレプトン（電子など）はスピン$\frac{1}{2}$のフェルミ粒子ですが、これらすべては弱荷（弱アイソスピン）をもっているために弱い相互作用に参加できます。ヒッグス場も弱荷をもっています。弱い力を運搬する三つのゲージ粒子がヒッグス場と作用して質量を獲得するということは、弱荷をもつクォークやレプトンも、弱荷を通してヒッグス場と作用し、質量を獲得することになります。

フェルミ粒子とヒッグス場の結合は、「湯川結合」と呼ばれています。湯川博士の中間子論によれば、核内の陽子や中性子は核力によって強く結びつけられています（76ページ参照）。陽子も中性子もそのスピンは$1/2$でフェルミ粒子です。二つのフェルミ粒子は「パイオン」というスピンゼロのボース粒子の交換によって結びつけられており、これが湯川結合です。ヒッグス場はヒッグス粒子に置き換えられますが、ヒッグス粒子のスピンはゼロで、まぎれもなくボース粒子です。力を伝達するゲージ粒子のスピンがゼロの場合が湯川結合であり、一般にフェルミ粒子がヒッグス場と相互作用するのは湯川結合ということになります。

この湯川結合の強さが、それぞれのフェルミ粒子の質量を決めます。弱荷をもたない光子とグルーオンだけがヒッグス場とは作用せず、質量ゼロのまま留まります。結局、光子とグルーオンを除くすべての素粒子は、ヒッグス場との相互作用から質量を獲得するということになります。

クォークの質量獲得メカニズム

ここから先は208ページ図5－13、図5－14を参照しながら読んでください。ただし、ここで議論する「カイラル対称性の破れ」はそこで紹介したものとはやや（いや大きく！）異なっています。物質を構成するフェルミ粒子（クォークとレプトン）は、ヒッグス場と作用して質量を得ると「カイラル対称性」が破れますが、これにはもっと深い理論があるのです。

まず、クォークに質量がない場合には、クォークはつねに光速で走らなければなりません。観測者がそのクォークを追い抜くことはできないため、右巻きクォークはつねに右巻き、左巻きクォークはつねに左巻きです。この場合のクォークは「カイラル対称性」を保存しています。

真空には、不確定性原理に従って「粒子‐反粒子」の対が出没しています。「粒子‐反粒子」対はスピンの向きが互いに反対で、両者の合計スピンはゼロになっています。粒子‐反粒子はスピンゼロの対をなし、その間にクーパー対と同じように引力が働いて「一つのボース粒子」を形成します。このアイデアは、南部博士から出たものです。

真空の温度が低い状態では、一つのボース粒子としてふるまうこの「粒子‐反粒子」対には「ボース‐アインシュタイン凝縮」が起こります。このことが、クォークに質量を与えるメカニズムを供給するのです。真空に発生したこの凝縮は空間全体を埋め尽くし、そのエネルギーは最低状態になっています。真空において自発的に対称性が破れた状態です。

温度が低くなった宇宙空間が「粒子‐反粒子」対による凝縮に埋め尽くされると、もともとは質量をもたなかったクォークがこの凝縮との相互作用によって質量を獲得します。超伝導体の中のクーパー対と作用した光子が、質量をもつのと同じです。クォークが「粒子‐反粒子」対のボース粒子の凝縮に衝突すると、右巻きのクォークは左巻きに変わり、左巻きのクォークは右巻きに変わります。真空中に「粒子‐反粒子」対によってできた凝縮内をクォークが〝泳ぐ〟と、同じカイラリティ（右巻きならつねに右巻き、左巻きならつねに左巻き）を保てなくなってしまうのです。「カイラル対称性の破れ」です。

「粒子‐反粒子」対に衝突するたびに右巻き（左巻き）が左巻き（右巻き）に変わってしまう結果、クォークの平均速度は落ちてしまいます。そう、光速で走っていたクォークが遅くなり、そこに質量が発生するのです。光速で走っていたクォークのスピードを落とさせ、結果的にクォークに質量を与える「カイラル対称性の破れ」も、真空に起きた「自発的対称性の破れ」です。

クォークに質量をもたらすこのしくみは、明らかに「ヒッグス機構」とは異なります。「粒子‐反粒子」対による凝縮は陽子や中性子の内部空間でも発生しており、陽子や中性子内のクォークも「カイラル対称性の破れ」に従って質量を得ているのです。

誤解のないように強調しておきますが、「ヒッグス場」や「粒子‐反粒子対による凝縮」は宇宙初期の空間で生じたものではあるものの、現在もなお存続しています。また、ここまでの説明では、ややこしさを防ぐために「粒子‐反粒子」対を考えてきましたが、クォークが質量を獲得する機構を説明する際には「粒子‐反粒子」対を「クォーク‐反クォーク」対に置き換えるべきです。

図6－15

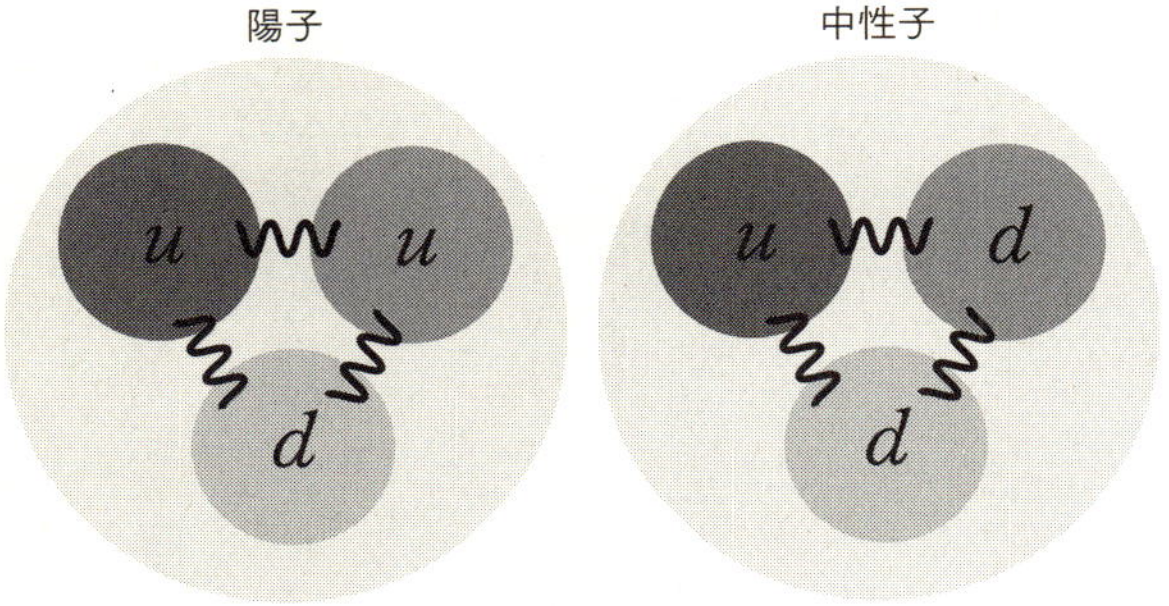

陽子や中性子の中も「クォーク-反クォーク」のペア（スピンゼロのボゾン）の凝縮が詰まっている。この図に描かれている三つのクォークは凝縮ではない。凝縮体の中に三つのクォークが存在するのである

つまり、陽子や中性子の内部空間の例でいえば、三つのクォークに加えて「クォーク-反クォーク」対による凝縮でぎっしり埋め尽くされているということです（図6-15）。この「クォーク-反クォーク」対はスピンゼロのボース粒子ですので、他の三つのクォークとはまったく異なります。三つのクォークはあくまで単独で、ペアは形成していません。

　真空における「クォーク-反クォーク」対による凝縮は「ボース-アインシュタイン凝縮」であり、クーパー対の凝縮と同じように「一つの量子状態」（振動数も波長もまったく同じ波の重なりで、一つの波）と見なされます。「カイラル対称性の破れ」を引き起こす「粒子-反粒子」の凝縮は「カイラル凝縮」と呼ばれています。

　クォークの質量はヒッグス場との相互作用から

発生しますが、実はそれは全体の２％足らずで、残りの98％強は「カイラル対称性の破れ」によって獲得したものです。陽子も中性子も、三つのクォークで構成されています。これらクォークの質量は、ヒッグス場との作用から獲得した質量と、「カイラル対称性の破れ」によって獲得した質量との和になります。驚くべきことに、このようにして得られた三つのクォークの質量の和は、陽子や中性子の質量よりもはるかに小さいのです！

陽子や中性子内の空間では、クォーク同士を結びつけるゲージ粒子（グルーオン）が暴れまわっています。クォーク自身も回転しており（自転ではありません）、そこに大きなエネルギーが発生しています。これらのエネルギーが$E=mc^2$を通して〝物質化〟することで、陽子や中性子の質量はグーンと増えるのです。

電子の質量が陽子や中性子の質量の約２０００分の１程度であることを考えると、陽子と中性子の質量が事実上、すべての物質の質量を決めます（77ページ図２-５に示した原子の構造を再度、見てください）。宇宙開闢《かいびゃく》のち、素粒子にいちばん最初に質量を与えたのはヒッグス場の働きですが、現在の宇宙に見られる物質の質量にはヒッグス場以外の多くの要因が関わっているのです。

ヒッグス粒子に残された課題

粒子は、ヒッグス場との相互作用によって質量を獲得するわけですが、実測された素粒子の質量とヒッグス場の導入によって理論的に得られた質量との一致を見たのは、弱い力を運ぶ3種のゲージ粒子だけです。他の粒子の質量は、ヒッグス場との相互作用からなぜ実測値の質量が出てくるのかは説明されません。

たとえば電子1個の質量は、９・１×10^{-31}キログラムです。なぜこのような値になっていなければならないのかは、ヒッグス場との相互作用（湯川結合）だけでは説明できないのです。ただし、これまでの観測によって得られた電子の質量は、宇宙のどこでもまったく同じ値になっているとされています。つまり、ヒッグス場と電子の相互作用の強さは、宇宙全体にわたって同じであるということになります。

現時点で、ヒッグス場が実際に使われている理論は、ワインバーグやサラムらによって築き上げられた「電弱統一理論」だけです。しかし、「ワインバーグ－サラム理論」に使われたヒッグス場は、質量ゼロの三つの「南部－ゴールドストン粒子」であって、質量をもつ〝いわゆる〟ヒッグス粒子ではありません！

ヒッグス粒子の検出がいまだ１００％の精度ではないことが少々気がかりなところです。実は、「標準模型」を超えた理論ではヒッグス粒子は一つだけではなく、いくつも存在することが予測されています。２０１２年7月4日にＣＥＲＮがとらえたと発表したヒッグス粒子が、はたして標準模型が予測する粒子なのか、あるいは他の種類のヒッグス粒子なのかを結論づけるには、まだデータが不足しているのです。2013年夏の時点で検出精度は99・9994%になっており、ほとんどの物理学者たちはすでにヒッグス粒子の存在を認めています。ヒッグス粒子の、100%の精度での〝発見〟は、ヒッグス場の存在を実証するものともなるのです。

真空が崩壊する！

本書を締めくくるにあたって、「真空崩壊」という現象について触れておきましょう。

自然が高いエネルギー状態を嫌い、低いエネルギー状態に移って安定化したがる傾向をもっていることは、何度かにわたって指摘してきました。その結果として生じる、原子核や素粒子の「崩壊」現象についてもお話ししました。崩壊とは、ある物理系が外部にエネルギーを吐き出して、安定な低エネルギー状態に移り変わる現象を指しています。

「真空」は「エネルギーが最も低い状態」をいうのですから、「真空が崩壊するのはおかしい！」という指摘はもっともです。しかし、こう問われたらどうでしょう？

──はたして現在の宇宙空間は、エネルギーが最も低い状態にあるのか？

もし、現在の真空よりもさらにエネルギーの低い真空が存在するとしたら、いったい何が起こるでしょうか？　水が「高き」から「低き」に流れるように、エネルギーもまた「高き」から

「低き」に流れます。したがって、もし今の真空よりもさらにエネルギーの低い真空があったとしたら、今の真空からもっとエネルギーの低い真空にエネルギーが流れ、もっと安定した真空へと遷移してしまうことでしょう。

図6－16

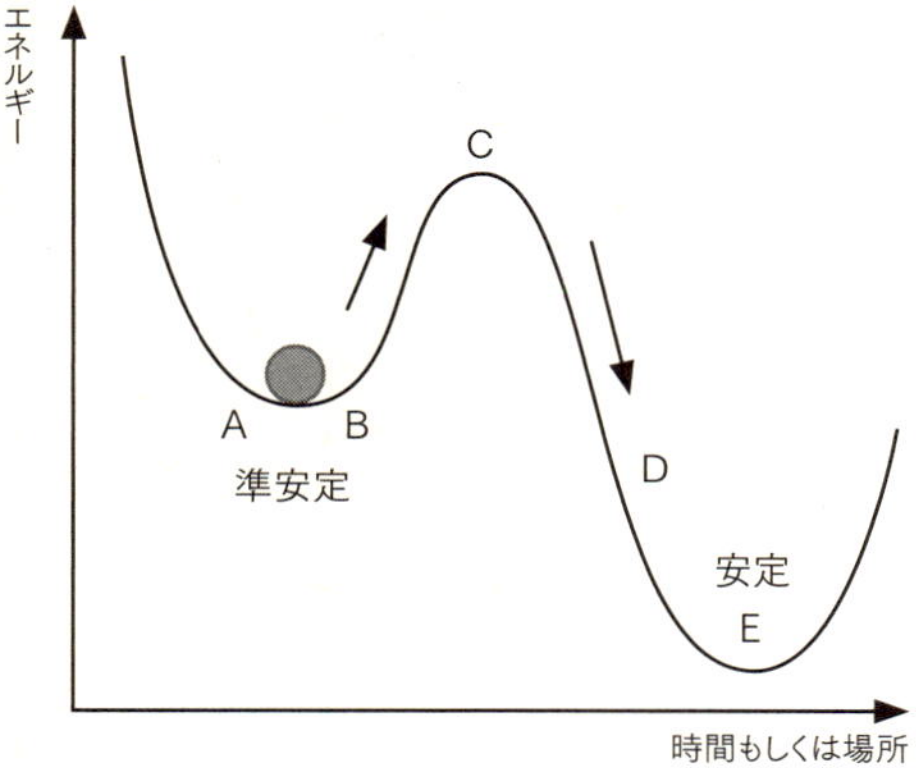

図6－16を見てください。曲線グラフの上にボールが載っており、グラフの縦軸は真空のポテンシャル・エネルギーを表しています。A点とB点の間の領域は比較的平らで、エネルギーはほぼ一定です。この領域にあるかぎり、ボールは比較的、安定な状態にあります。

B点からC点に向かう領域では、エネルギーが高くなっていきます。誰かがこのボールを蹴って（ボールにエネルギーを与えて）、C点まで持ち上げたとしましょう。C点に到達したボールはエネルギーが高くなり、不安定な状態になります。どこかで見覚えがありますね。そうです、メキシコ帽の隆起のてっぺんにボールがある状態とまったく同じです。

こうなると、エネルギーのもっと低い（もっと安定な）E点に落ちてしまう確率は非常に高くなります。この事情を地上の重力場にたとえてみると、E点に向かって落ちる間、重力によって大きな加速を受けたボールがD点あたりを通過するときの運動エネルギーは、きわめて大きくなります。

この増加したボールの運動エネルギーは、ボールをB点からC点に持ち上げるために与えたエネルギーよりはるかに大きくなっています。「与えた運動エネルギーよりも出てきた運動エネルギーのほうが大きい」理由は、重力のポテンシャル・エネルギーがボールの運動エネルギーに変換されたためで、「エネルギー保存の法則」には違反していません（この「与えたエネルギーよりも出てきたエネルギーのほうが大きい」という原理は、化学反応から出るエネルギーや原子爆弾から出るエネルギーの説明にも使われています）。

図6－16を改めて見直して、ボールを「真空におけるある1点の状態」を表すものとします。縦軸はこんどは、真空のポテンシャル・エネルギーとなります。

この真空の1点のエネルギーがA点とB点の間にあるときは、エネルギーがほとんど変化しないのでこの真空の点は安定です。ところが、何かのきっかけでその真空の点が余分のエネルギーを受け取ってエネルギーが高くなり、C点まで上がったとします。C点における真空はエネルギーが高いために不安定で、エネルギーのずっと低い（ずっと安定な）E点へと落ち込みます。

ボールがＥ点に落ち込む際に運動エネルギーを獲得したように、このときもまた膨大なエネルギーが吐き出されます。吐き出されたエネルギーの量は、真空の点がＢ点からＣ点に持ち上げられた際に得たエネルギーよりもずっと大きいのです。

真空のある１点がＡ点からＢ点の間の比較的安定な状態にあるとき、その状態を「準安定」といいます。準安定にある真空は「偽の真空」と呼ばれています。一方、もしＥ点が最終的な「完全な安定状態」であるとすると、その状態こそが「真の真空」となります。真空のある１点が「準安定な偽の真空Ａ‐Ｂ」からエネルギーを吐き出すことによって「真の真空Ｅ」に落ち着く現象が「真空の崩壊」です（「破壊」ではなく、「崩壊」です）。なにやら物騒な響きです。

そう、実際に物騒な話の続きがあるのです。

準安定状態から不安定なＣ点に持ち上げられた真空の点が、真の真空（Ｅ点）にいたる過程でエネルギーが吐き出されますが、この吐き出されたエネルギーが他の真空の点にエネルギーを注ぎ込み、その違う真空の点をも「真の真空」に落ち込ませるのです。その際にも膨大なエネルギーが吐き出され、その点にも「真空の崩壊」が起こります。

まったく同じ現象が次々と他の真空の点にも波及して、「真空の崩壊」が連鎖反応的に広がっていきます。新たな真空の１点に崩壊が起こるたびにエネルギーが吐き出され、「真空の崩壊」が広がっていくことで、真空中には一つの「真空泡」が発生し、その泡が光速度で大きくなっていきます。その泡は、台風も真っ青になるほど猛烈な勢いで私たちに迫ってくることでしょう。

——この泡が、私たちの世界を巻き込んだら？

泡の中は想像を絶するほどの巨大なエネルギーに満ちているために、すべては一瞬のうちに破壊されてしまいます（今度こそ、「崩壊」ではなく「破壊」です）。泡の中は、私たちの知っている物理法則は一つも機能しない、まったく異なる物理法則が支配する別世界でありましょう。

いささかＳＦ的な話ではありますが、物理学者は必ずしもＳＦとは考えていません。現在の真空が準安定な「偽の真空」なのか、本当に安定な「真の真空」なのか、今のところ決着がついていないからです。仮に準安定な偽の真空であっても、宇宙スケールでの準安定状態はかなり長く続くと考えられています。

この話に真実味を与えるには、もう一つ必要な要素があります。Ｂ点からＣ点に持ち上げるためのエネルギーを〝誰〟が与えるのか？

コライダーがその有力な候補者である、という考え方があるのです。ＣＥＲＮのＬＨＣは、二つの陽子ビームを互いに反対方向に加速させたのちに正面衝突させ、衝突地点（それは真空のごく狭いある1点！）に巨大なエネルギーを注ぎ込んで、真空からヒッグス粒子を叩き出そうと試みます。これがまさに、Ｂ点からＣ点へと真空の1点を持ち上げる原動力になりうるというのです。

その点の真空に崩壊が起こり、その際にエネルギーが吐き出され、それが連鎖反応的に周囲の真空に伝わって「真空泡」が形成される……。こういうストーリーが描けるのです。大げさなと思われるかもしれませんが、実際に世界の各地で、「コライダー建設反対運動」が起こりました。幸いにして、現在のところそのような事態が起きている気配はまったく見られません。

一つの保険材料は、地球大気の外側がたえずさらされている「宇宙線」です。宇宙線の正体は、主に宇宙から高速度でやってくる陽子やガンマ線です。宇宙線のエネルギーは地上のコライダーから得られるエネルギーの数百万倍も大きいのです。そのような高エネルギーの宇宙線が地球の大気圏に突入すると陽子同士の衝突などが起こり、その空間に大きなエネルギーをもたらして真空の崩壊が生じ、真空泡が形成される可能性——これも考えられはしますが、実際にはその気配が感じられたことはありません。

真空崩壊が生じる可能性をもう一つだけご紹介しておきましょう。図6-16のC点はエネルギーが高くなっていて「隆起」（山）を形成していますが、量子力学的な「トンネル効果」という現象が生じると、B点からC点に持ち上げるだけのエネルギーを与えなくても（エネルギー不足でも）、山にトンネルをあけたように通り抜けてE点まで達し、真空の崩壊が起こる可能性が考えられるのです。ただしこれも、トンネル効果の起こる確率が非常に小さいことから、現実に発生する懸念はさほどないでしょう。

真空をめぐる長い旅も、ようやく終着点にたどり着きました。〝空っぽ〟だと思われていた空間がざわめき、仮想粒子が跳躍し、素粒子に質量を与える場の凝縮を促す劇的な相転移が生じていた——そこは、この宇宙を占めるすべてのものたちが生まれた場所だったのです。

完

おわりに

「ヒッグス粒子（ヒッグス場）が諸々の粒子に質量を与える」――「質量の起源」に関するこの仮説は、南部陽一郎博士が見出した「真空に起きた自発的対称性の破れ」というアイデアを元にして、半世紀ほど前の１９６０年代初頭に提唱されました。２０１２年夏、ついにそのヒッグス粒子が〝発見〟されましたが、ＣＥＲＮがＬＨＣを使ってとらえたヒッグス粒子の〝正体〟には未解明の部分が多く、解決しなければならない問題がまだまだ山積しています。

　ＬＨＣは、二つの陽子を互いに反対方向に加速して衝突させる円形加速装置でしたが、陽子は三つのクォークとグルーオンから構成される「内部構造」をもっています。素粒子ではない陽子同士の衝突はきわめて複雑な現象であり、衝突によって飛び出てくる数々の粒子の分析は容易ではありません。また、円形加速装置では粒子の軌道を円状に変えるために超伝導磁石による強力な磁場が必要で、建設コストがかさむという難点がありました。

　それらの問題を解消するために、直線加速装置を使って電子と陽電子を反対向きに直線的に加速し、衝突させる方法が考えられてきました。電子や陽電子は内部構造のない素粒子であり、衝突後のようすを解析するのがより簡単です。また、質量が陽子の約２０００分の１ときわめて軽いため、加速がそれだけ容易で、より大きなエネルギーが得られるメリットもあります。

このような装置を国際的な規模で建設しようと構想されている「国際リニアコライダー」（ＩＬＣ。「リニア」は直線という意味）プロジェクトが実現すれば、ヒッグス粒子に関して未知の情報が明らかにされるのみならず、暗黒物質や暗黒エネルギーの謎の解明も期待されます。

このＩＬＣの建設候補地として日本からも２地域が名乗りを上げており、本書の編集作業が佳境を迎えていた２０１３年の夏には、建設予定地として北上山地が最適とされたというニュースが流れました。なお２～３年の議論を要するようですが、誘致が確定すれば、素粒子物理学や宇宙物理学の最先端をいく研究が我が国で多数行われることになります。

本書で紹介してきたように、真空とそのからくりをめぐる物理学にはいくつもの課題が残されています。日本で新たな成果が生み出されることに、大いに期待したいと思います。

本書の刊行にあたり、ブルーバックス出版部の倉田卓史さんにはたいへんお世話になりました。当初の原稿は３５０ページを超えていたのですが、倉田さんが内容を損なうことなく実に見事に編集してくださいました。倉田さん、ご苦労様でした。紙上を借りて感謝の意を表したいと思います。

参考文献

1 浅井祥仁著『ヒッグス粒子の謎』祥伝社、２０１２年
2 大栗博司著『強い力と弱い力』幻冬舎、２０１３年
3 橋本省二著『質量はどのように生まれるのか』講談社ブルーバックス、２０１０年
4 相原博昭著『素粒子の物理』東京大学出版会、２００６年
5 中嶋彰著『現代素粒子物語』講談社ブルーバックス、２０１２年
6 イアン・サンプル著／上原昌子訳『ヒッグス粒子の発見』講談社ブルーバックス、２０１３年
7 Nicholas Mee, "HIGGS FORCE", Quantum Wave Publishing, 2012
8 Sean Carroll, "THE PARTICLE AT THE END OF THE UNIVERSE", Dutton Adult, 2012
9 Frank Close, "THE INFINITY PUZZLE", Basic Books, 2011
10 Jim Baggott, "HIGGS", Oxford University Press, 2012
11 Bruce A. Schumm, "DEEP DOWN THINGS", The John Hopkins University Press, 2004
12 Steven Weinberg, "DREAM OF A FINAL THEORY", Pantheon Books, 1992
13 Peter W. Milonni, "THE QUANTUM VACUUM", Academic Press, 1994

【ま・や行】

【ら行】

【な行】

【は行】

【さ行】

【た行】

【か行】

さくいん

N.D.C.421　286p　18cm

ブルーバックス　B-1836

真空《しんくう》のからくり

質量を生み出した空間の謎

2013年10月20日　第1刷発行

著者　山《やま》田《だ》克《かつ》哉《や》

発行者　鈴木　哲

発行所　株式会社講談社

〒112-8001　東京都文京区音羽2-12-21

電話　出版部　03-5395-3524

販売部　03-5395-5817

業務部　03-5395-3615

印刷所　(本文印刷) 慶昌堂印刷株式会社

(カバー表紙印刷) 信毎書籍印刷株式会社

製本所　株式会社国宝社

ISBN978－4－06－257836－3

発刊のことば

科学をあなたのポケットに

二十世紀最大の特色は、それが科学時代であるということです。科学は日に日に進歩を続け、止まるところを知りません。ひと昔前の夢物語もどんどん現実化しており、今やわれわれの生活のすべてが、科学によってゆり動かされているといっても過言ではないでしょう。

そのような背景を考えれば、学者や学生はもちろん、産業人も、セールスマンも、ジャーナリストも、家庭の主婦も、みんなが科学を知らなければ、時代の流れに逆らうことになるでしょう。

ブルーバックス発刊の意義と必然性はそこにあります。このシリーズは、読む人に科学的に物を考える習慣と、科学的に物を見る目を養っていただくことを最大の目標にしています。そのためには、単に原理や法則の解説に終始するのではなくて、政治や経済など、社会科学や人文科学にも関連させて、広い視野から問題を追究していきます。科学はむずかしいという先入観を改める表現と構成、それも類書にないブルーバックスの特色であると信じます。

一九六三年九月

野間省一